平面设计基础与 Photoshop 实战应用

王　婧　主编

科　学　出　版　社

北　京

内 容 简 介

本书介绍平面设计基础理论和 Photoshop 基本操作技能，主要内容包括平面构成、色彩构成、版式设计、海报设计、Photoshop 基础知识和基本工具操作，以及图层、滤镜、图层样式、色彩调整等辅助功能的使用。

为了更好地利用基础知识为学生的未来工作服务，本书设计了日常工作中需要的实战案例，并配有案例的操作效果图，学生通过案例学习和操作可以提高实战技能。

本书适用于普通高校的非艺术专业学生的艺术通识选修课。这本简单易操作的书是艺术零基础的学生学习职场视觉传达设计应对技能的工具书，也可以作为自学者的入门参考书。

图书在版编目（CIP）数据

平面设计基础与 Photoshop 实战应用 / 王婧主编. — 北京：科学出版社，2022.10

ISBN 978-7-03-073513-3

Ⅰ. ①平…　Ⅱ. ①王…　Ⅲ. ①平面设计－图像处理软件　Ⅳ. ①TP391.413

中国版本图书馆 CIP 数据核字（2022）第 190401 号

责任编辑：于海云　张丽花 / 责任校对：王　瑞
责任印制：赵　博 / 封面设计：迷底书装

科 学 出 版 社 出版
北京东黄城根北街 16 号
邮政编码：100717
http://www.sciencep.com
三河市春园印刷有限公司印刷
科学出版社发行　各地新华书店经销
*
2022 年 10 月第 一 版　开本：787×1092　1/16
2025 年 1 月第四次印刷　印张：14
字数：331 000

定价：59.00 元
（如有印装质量问题，我社负责调换）

前　　言

作为一个从事 20 多年艺术素质教育的工作者，始终面对艺术零基础的高等院校学生，他们虽然具有很强的专业能力，但是在艺术上仍然处于未入门阶段，艺术素质教育离社会要求还有一段相当大的距离。编者通过长期在教学一线的摸索得出一个结论：在有限的艺术通识教育学时内，选修的方式是满足不了循序渐进搭建基础的要求。艺术的工具价值可以快速达成目标并为工作、生活所用。高校艺术工具价值当然应该以满足社会需要为前提。四年艺术工具价值的培养让学生掌握一项或者多项艺术技能，这个目标是非常适合当下的高校情况的。掌握艺术的工具价值，让学生体验到艺术技能带来的便利，才能激发学生的学习兴趣，最终实现艺术的终极价值，从而实现学生的自我完善与全面发展。

《平面设计基础与 Photoshop 实战应用》是为非艺术专业零基础的学生编写的，适用于高等教育的通识课。纵观整个平面设计类图书，在知识广度和深度上都不缺优秀的教材，但是这些专业教材对于初学者却显得庞杂而没有头绪，导致学习效果不佳。本书立足于艺术工具技能为初学者厘清基础知识脉络，以应用型基础知识为主，培养职场实战设计技能。通识教育要注重知识的基础性、综合性、应用性，使学生拓宽视野、提升能力、综合发展。基础性以平面设计基础知识普及为主，综合性体现知识和应用的融会贯通，应用性要以社会和自身发展需要为主解决实际问题。

本书分两部分，共 7 章。第一部分为第 1～4 章，第二部分为第 5～7 章。主要内容如下：

第 1 章平面构成，是设计的基本功，主要介绍平面构成的基本元素和构成法则。

第 2 章色彩构成，主要介绍色彩的三要素、配色原理和情感表达。

第 3 章版式设计，主要介绍版式设计的基本原则、基本元素与技巧，让版式设计更有依据。

第 4 章海报设计，主要介绍海报基本视觉元素的设计方法和创意技巧。

第 5 章 Photoshop 基础知识与实战应用，主要介绍 Photoshop 应用的基本常识和辅助工具。

第 6 章 Photoshop 核心工具与实战应用，主要介绍渐变工具、文字工具组、钢笔工具组、形状工具组等核心工具的应用，初学者熟练掌握这些工具就能应对基本设计。

第 7 章 Photoshop 隐藏功能与实战应用，主要介绍软件中一些便利的功能和效果，学生掌握这章的内容可以为设计作品增加一些特殊效果。

本书是黑龙江省教育厅 2021 年度重点规划课题"翻转课堂背景下艺术通识课线上线下混合式教学设计与实施"(项目号 GJB1421084)的阶段性成果，可以搭配智慧树平台慕课"平面设计基础"进行学习。这是一本简单易学的通识教材，回归基础，注重实操性。

　　在本书编写过程中，编者秉持高校艺术通识教育工作者的初心：培养大学生的艺术素养，首先要打破学生"艺术无用论"和"艺术高雅论"的认知，普遍培养学生的基本工具价值。只有体验艺术之用，才能爱艺术，主动探索艺术之美，实现自身艺术素质的全面提高。

　　由于编者水平有限，书中难免存在疏漏之处，恳请读者批评指正。

编　者

2022 年 3 月

目　　录

第二部分　Photoshop 实战应用

第一部分 平面设计基础

设计伴随"制造工具的人"的产生而产生，是设想、运筹、计划与预算，是人类为达到某种特定目的而进行的创造性活动。目前设计学理论的萌芽和起点有中国古代的《考工记》和古罗马普林尼的《博物志》。"平面设计"（Graphic design）这个词最早是美国威廉·阿迪逊·德威金斯提出的，兴起于19世纪中叶欧美印刷美术的平面设计是二维平面内一切利用文字、图像、符号、色彩的创意组合，如标识设计、出版物、平面广告、海报、网站、包装、贺卡插画等。因此可以说平面设计是一切设计的基础，学好平面设计对其他设计门类有更好的发散性拓展。当代平面设计师以"视觉"作为沟通和表现方式，这种方式在专业领域称为视觉传达设计。视觉传达设计是依赖视觉符号传达信息的设计活动。"视觉符号"是指眼睛所能看到的表现事物一定性质的符号，是传播元素图形、文字、色彩的总称。"传达"是指信息发送者利用符号向接收者传递信息的过程。"传达"主要实现"沟通"和"互动"的功能。视觉传达是信息发送者向信息接收者传递信息时需要的一个过程，它可能是个体内的传达，也可能是个体之间的传达，包括谁、把什么、向谁传达、效果如何、影响如何这 5 个程序。设计者把原始信息通过视觉符号传递给接收者，接收者通过视觉符号解读还原信息，当设计者的原始信息与接收者的还原信息高度吻合时，这种视觉传达才是有效的。

设计是一个大的范畴，其中涵盖很多的门类。过去将设计划分为平面设计、立体设计、空间设计，随着社会的发展，这些划分方式已经被取代。目前将设计划分为视觉传达设计、产品设计、居住设计。一切通过视觉进行传达的设计都属于视觉传达设计，解决人与社会的沟通问题，平面设计属于这个范畴。产品设计是为了使用而进行的设计，是人与自然之间沟通的方式。居住设计是为居住而进行的设计，自然与社会之间是居住设计，也可以称为环境设计。在世界上很多国家，"视觉传达设计"一词等同于"平面设计"。

第1章 平面构成

平面构成是由 20 世纪初期伊顿在包豪斯设计学院的"造型基础"课程演变而来的,包豪斯设计学院为现代设计带来了基础性美学思考,它富有挑战和开拓性的变革精神,创造了 20 世纪趋向大众的设计文化。康定斯基在 1926 年出版的《点线面》为构成艺术和之后的"构成"课程奠定了理论基础,"平面构成"作为设计共同语言,已成为当今社会艺术设计门类的必须掌握的基础课程。平面主要研究长、宽二维空间的造型问题。构成就是组装的意思,也就是把基本视觉元素像机器零件一样,按一定规律分解、组合、合成的过程。平面构成主要研究的是在二维平面中的形式规律与法则问题,将感性的设计因素与理性的设计思维有机地结合在一起。

1.1 平面构成的基本元素

1.1.1 基本视觉元素:点

1. 点的定义

点在几何学上只代表位置,并无大小之分。点是平面构成视觉元素中的最小单位,是线的开端和终结,是两线的相交处。从造型设计来看,点是一切形态的基础。视觉设计上的点指画面中呈点状的元素,或者那些并非真正呈点状,但在画面中可把它们当作点对待的元素,只要能起到凝聚视线的作用即可。视觉元素的点是无面积、无方向性的,但是可以有大小、形状、颜色、虚实、纹理等不同造型的区分。通常点的形状是圆的,但是严格意义上讲点可以是各种各样的形状,圆的、方的、三角的或不规则形状都可以。圆点给人饱满、充实、完整的感觉;方点给人坚实、冷静、规矩、稳定的感觉;三角点给人紧张、警觉、有目的性的感觉;其他不规则的形状往往会显得有个性,在规则的形状中更突出。点亦可以代表人物、动物、植物、抽象物质等。根据设计主题与目的不同,选择或安排不同形状的点满足画面需求。

自然界中各种物体只要缩小到一定程度,都可以产生点的效果。就大小而言,体积越小的物体作为点的感觉越强烈。例如,在高楼大厦上看街道中行走的人,人就具有"点"的效果,天空中飞翔的小鸟也具有"点"的效果。"点"与"面"两者是可以互相转化的,如果点的大小超越了"点"的限度,它就成为"面"。"点"的概念是相对的,不同的造型在画面中是否属于"点"的范畴这要根据具体物体与周围环境的比较来分析。反差大,对比悬殊,则为点,反之就自动转化为其他形态元素。在中国画技法中,就有"远点树,近点苔"的表现方法,这就是点元素的应用。由于点的环境不同,所表现的对象也就随之而改变。与其他元素相比，点元素更能突出主体，有的时候，这些点元素并非画面的主体，仅作为一种视觉元素，起到均衡画面的作用。

2．点的种类及性格

1）单点：视觉中心

在平面设计中，单独的点具有强烈的集聚效果，能够吸引住人的视觉神经。当单点居于画面中心的位置时，具有张力作用，映射出一种扩张感，起到"以一当十"的作用。利用这个原理突出小的主体。例如，在一个环境复杂的画面中，想让某个形态很小的图形脱颖而出，可以采用单点效果，在图形周围"人为"制造一个留白的空间环境，这样在简单空间中的点状图形就具有扩张感，快速吸引大众视线。

2）两点：视线移动

当画面中有两点时，在单点的基础上又存在另一种视觉张力，两个点的不同势必会引导视觉移动，视觉效果强的点先被捕捉，视觉效果弱的点次之，视线从强到弱、从大到小、从实到虚地进行转移，这样两点元素之间便会形成具有方向感的移动效果。两点关系如图 1-1 所示。

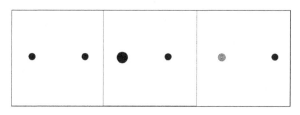

图 1-1 两点关系

3）多点：空间感

三个以上的点可以为多点，多点比单点和两点有更加丰富的视觉作用力。多点的并置可以形成灰面，大小点有序并置，画面层次十分复杂，在视觉表现中形成空间感、方向感、疏密感、线条感等。通过图 1-2 来欣赏单点、两点、多点的在设计中的应用。

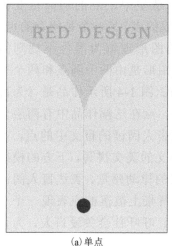

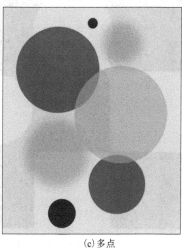

(a)单点 (b)两点 (c)多点

图 1-2 点的构成应用

3．点的构成

常见的点的构成有等间隔构成、规律间隔构成、不规律间隔构成、线化构成、面化构成。等间隔构成给人规律、安静、平衡感觉；规律间隔构成给人很强的数理感和有秩序的变化感；不规律间隔构成给人灵活多变的感觉；线化构成会让点元素产生运动感和方向感；面化构成让点更有凝聚力，形成一定的氛围感。在点的构成上要注意以下几个方面。

（1）在等间隔构成的情况下，需要改变点的形状，避免产生单调性；或者改变点的方向，避免其平淡感；还可以改变点的大小、颜色，丰富视觉变化效果。

（2）主体点是画面的焦点核心，要满足画面的兴趣中心特征，突出清晰。利用一切办法使主体点突出，在画面中要灵活控制主体点与其周围环境的比例关系，使之成为画面的绝对中心以达到抢眼的视觉效果。作为画面的主体点，清晰突出是第一位，目的是第一时间抓住眼球。

（3）陪衬点起辅助作用，衬托主体点的存在。陪衬点在画面中要适当弱化，它的存在往往是烘托画面氛围，平衡画面构图，起到稳定视觉的作用。中国画就特别喜欢使用点来烘托画面氛围，花鸟画常常在大片空间里放上两只蝴蝶或蜜蜂，平衡画面构图、增加律动的同时，显示其空间感。陪衬点越少越好，够用则已，可以利用虚实，降低色彩的饱和度来衬托主体点。

4．点在设计中的应用

在日常生活中，许多事物是直接用点来表现的。例如，电子计算机的纸带，穿孔纸带利用一排孔表示一个字符，用穿孔或不穿孔表示 1 和 0，将指令和数据导入内存。显示出不同的符号。又如，盲人所使用的文字是用凸点位置的不同加以辨别的。图 1-3 所示作品是印刷公司的商标。用点作为设计灵感是因为印刷最基本的单位是网点，用点元素来代表印刷行业的特征非常贴切，在这个标志的造型中，点的构成是变化的，一个是开放的点，另一个是闭合的点。可以把标志的图形理解为黑色不规则的部分，而这个图形是由两个圆点和两个方点切割而成的。图 1-4 所示作品是《为盲胞读书》海报，点在这幅作品中有两层含义：一是表现盲人阅读的盲文中的点，上方用点拼出盲文的英文拼写，下方的模拟盲文做出起伏的律动感觉，表达盲人阅读的乐趣；二是背景上散落的点表现一个个关爱盲人的人，呼吁社会关爱盲人，为盲胞服务。

图 1-3　印刷公司的商标

彩图 1-4

图 1-4　点的应用海报

1.1.2　基本视觉元素：线

1. 线的定义

线在几何学定义里，只具有位置、长度，而不具宽度和厚度。它是点进行移动的轨迹。与点强调位置和聚集方式不同，线更强调方向与外形。当点沿着固定的方向移动时，形成的是直线；当点沿着不固定的方向移动时，形成的是曲线。在平面设计上线除了长度、方向外，还有粗细、形状、颜色之分，它的视觉变化提供了丰富的造型表现力。线具有很强的表形功能和表象功能。

2. 线的种类及性格

在设计中，线比点具有更强的感情性格，线有助于产生情绪，给画面增加感情上的内容。长度是点的移动量来决定的，速度快慢决定线的流畅性，加速或减速的不规则变化以及方向的变化都会形成各种性格。线一般分为直线、曲线和折线，相应地就会有三种性格，即直线表示静、曲线表示动、折线有跳跃不安定的感觉。作为视觉元素，线有长短曲直变化，会呈现个性化的构成。直线总体上给人的感觉是男性性格的象征，具有简单明了、直率的性格。图 1-5 所示作品能表现出一种力的美。粗直线能体现力度强、厚重、钝重、粗笨的效果。细直线能体现秀气、微弱、敏锐和神经质的效果。垂直线能体现严肃、庄重、高尚、强直等效果。水平线让人联想到风平浪静的湖面或平躺休息的状态，具有静止、安定、平和、广阔、静寂、疲劳的感觉。斜线具有飞跃、向上或冲刺向前或者下落的感觉，容易与运动员的起跑、飞机起飞或滑冰的姿势联想到一起。在空间视觉规律中，粗的、长的、实的直线有向前突出的感觉；相反，细的、短的和虚的直线则有向后退的感觉，这是由自然景物中近大远小、近实远虚的透视现象造成的。

图 1-5　平面作品中的直线

曲线具有女性性格，活泼、浪漫，容易从中体会到柔美、丰满、动力、弹力、温暖的性格，具有节奏感和流动感，让人想象到头发、流水。几何曲线是可以用数理方法进行绘制的线。几何曲线带有一定规律的机械性，同时具有数理的神秘感。自由曲线是不规则的，很难用数理方式来描述。自由曲线(图 1-6)给人丰富的想象，富有灵活、幽雅的女性感，主要表现在其自然的伸展，有不可预测的变化方向，特别适合表达丰富的情感。在设计中要充分发挥自由曲线美的特征，也要有效地组织它的结构与变化，防止产生混乱的视觉效果。

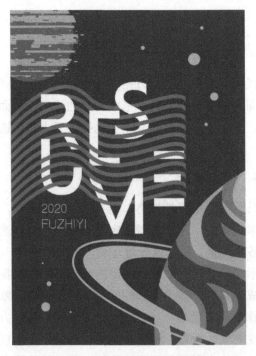

图 1-6　作品中的自由曲线

3．线在设计中的应用

　　线具有多样性，在平面创作中简单的直线、曲线、折线可以创作出无限可能。同样的线在不同的作品中会有不同的艺术生命力，它带着创作者的温度。图 1-7(a)用线的粗细、曲直表达树枝、椅子和马路的不同事物。尤其是树枝有一种既柔软又硬朗的感觉，这就是冬天的枯枝给人的感觉。图 1-7(b)的画面中都是直线，太阳光选择了粗直线来表达光芒的强大力量，与水平面的细直线形成鲜明对比，加上天空和水面、鸟、人动感的对比，这幅作品让我们感受到直线的不同表达形式。

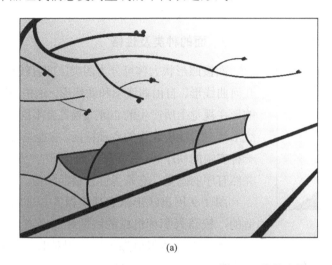　

(a)　　　　　　　　　　　　　　　　(b)

图 1-7　线的应用

　　线具有方向感，在版面中借助线移动的方向来引导观赏者获取信息，线元素起到引导作用，让观赏者能够按照设计者希望的路线来浏览版面中的元素。这样能够让阅读有一个正确的方向，让沟通能够快速有效。图 1-8 所示的线就起到引导文字走向的作用，阅读的时候会不自觉地按照线指引的方向进行。

图 1-8　线的引导

1.1.3　基本视觉元素：面

1．面的定义

　　面在几何学中的含意是线移动的轨迹。面也可以称为形，它具有长、宽二维空间，它

图 1-9　直线形

在造型中能够形成各式各样的形态，是设计中最丰富的视觉元素。在生活中任何物体的任何部位都有面的存在，而在平面构成中面特指二维空间范围，依靠轮廓线来决定它的形态，扩大的点可以形成面，封闭的线可以连成面，密集的点和线也能组成面。通常来说，对于点、线、面的确定，主要依据具体形态在整个空间中所发挥的作用。

2. 面的种类及性格

面按照形状大体可分为四类，即直线形、几何曲线形、自由曲线形和偶然形。这些不同的形在视觉上所产生的心理效果各有不同。直线形具有直线所表现的心理特征。它能呈现出一种安定的秩序感，在心理上具有简洁、安定、井然有序的感觉，它是男性性格的象征。

图 1-9 用直线形来表现机器人是非常合适的，机器人那种机械的硬朗和质感在直线形的组合下表达得更加形象，相对曲线的形状，这种直线形更能体现出机器的冰冷和简洁，让机器人更符合机器属性。

几何曲线形比直线形柔软，有数理性秩序感。图 1-10 所示的几何曲线形比较容易找到规律，给人平稳、理性的视觉效果。图 1-11 所示为自由曲线形，它是女性特征的典型代表。它能够充分地体现出作者的个性，是最能引起人们兴趣的造型，在心理上可产生幽雅、魅力、柔软和带有人情味的温暖感觉，但控制不好很容易出现一种散漫、无秩序、繁杂的效

彩图 1-11

图 1-10　几何曲线形

图 1-11　自由曲线形

果。偶然形(图 1-12)是特殊的自由曲线形,是通过自然或人为偶然形成的面。如空中的云、水冲刷岩石形成的纹理、树木自然成长留下的纹理,还有通过喷洒、腐蚀等手段形成的自由、活跃而富有意蕴的图形,偶然形的特点就是美的意外性与不可复制性。

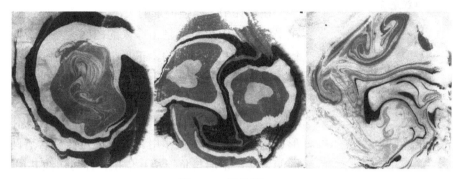

彩图 1-12

图 1-12 偶然形

3．形的构成

一个平面作品是由很多形状组合产生的,在形状的构成中有一些基本的组合关系,初学者根据主题需要将简单的基本形组合在一起,便得到一个新的形状。基本形状的组合关系有分离、相接、透叠、覆盖、联合、差叠、减缺、重合。基本形的分离是形与形存在一定距离;相接是形与形边缘相连接;透叠是形与形相交处变透明;覆盖是一个形覆盖在另一个形上,产生前后关系,形成一上一下的层次关系;联合是两个形交叠,彼此联合形成一个新的图状;差叠与透叠相反,只要互相重叠的地方就可以看见;减缺是一个形被另一个形减掉一个缺口,形成一个新的图状;重合是形与形互相重合变为一体。图 1-13 所示为基本形的组合关系。

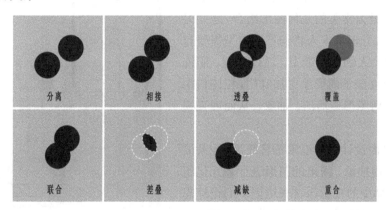

图 1-13 基本形的组合关系

4．图与底的关系

任何形都是由图与底两部分所组成的。要想让"形"感更加突出,必然要有底将其衬托出来;在平面作品中成为视觉对象的叫图,具有紧张、密度高、前进的感觉;其周围的空虚处叫底,有衬托形显现出来的作用。在图 1-14 中,首先看到的是黑杯,然后再进一步全面观察,便可发现在黑杯左右两侧的空白部分又是由两个对称的侧面头像所组成的。由于

图 1-14　卢宾之壶

视角不同，将得到不同意义的画面。图和底随时可以转换，这就是"互为图底""图底反转"。这种图底关系的现象就是视觉设计中著名的卢宾反转图形。

在设计中，要强调形的突出，同时还要注意底的变化。在平面设计中正负形是由原来的图底关系转变而来的。形体和空间是相辅相成的，正形与负形是靠彼此界定的，同时相互作用。一般意义上，正形是积极向前的图，而负形则是消极后退的底，形成正负形的因素有很多，它依赖于对图形的具体表现与欣赏心理习惯。一幅好的作品中，负形也起着至关重要的作用。图形的边线隐含着两种各自不同的含义，正形与负形相互借用，称为边线共用。在这里，正负形各不相让，正是这种抗衡与矛盾的显示，使图形得到了艺术化同形的特殊魅力，产生双重意象，让人在视觉上得到满足感与快乐感。正负形的设计抓住以下几个关键词就会成功：一个图形、严丝合缝、正负黑白、一语双关、神秘智慧。

5．形在设计中的应用

彩图 1-15

在平面设计中，几何图形的应用是最为常见的，当设计中缺少形象的元素表达时，可以采用抽象的几何图形组合来创建画面的视觉效果。几何图形的海报优势就是简约、单纯，在设计中更多地依赖形式构成美学来增强视觉效果，通过独特的视觉创意给观赏者留下深刻印象。图 1-15 所示作品采用最为常见的几何图形组合，这些习以为常的圆形、方形依据人物的不同造型需要自由组合，让两个人物跃然纸上，通过发型、服饰的变化让两个女孩子的形象更加鲜明，相比自由图形，这种几何图形更简洁、抽象，从而增强视觉观感。

图 1-15　作品《两个女孩儿》

日系的平面设计图形追求语言简洁、线条清晰巧妙，喜欢用抽象、简单的图形进行多元化组合，是典型借助少的视觉语言表达更多的设计思想，受日本传统"空灵、虚无"的禅宗思想影响，以联想、寓意引导观赏者进入一种更高的境界，融合了日本艺术特有的浓郁色调，构成了独有的日式图形魅力。图 1-16 所示封面模仿日本 IDEA 杂志风格，用简单的图形借助排列组合技巧来营造一种奇妙的视觉效果。

当平面设计中没有太多的设计元素时，可以将与主题相关的文字或者数字放大，让文字与数字变成图形作为设计的基本元素。图 1-17 和图 1-18 所示的简单的文字或者图形作为图形应用，可以更加突出主题，使其具有极强的表现力和感染力。

彩图 1-16

彩图 1-17

图 1-16　IDEA 杂志封面设计　　　　　　　　　图 1-17　文字图形（一）

彩图 1-18

图 1-18　文字图形（二）

　　近些年，插画在平面设计中的应用比较流行，插画式图形给人的感觉更加细腻丰富，可以更好地展开主题。由于插画原创性强，有明显的风格特征，在视觉设计中广受好评。图 1-19 所示为采用扁平化风格的插画，主要用几何图形和特别的色彩进行组合，概括性高，删

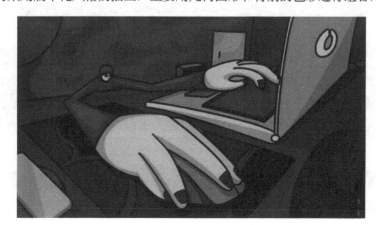

彩图 1-19

图 1-19　插画应用

减大量细节，去除很多三维化专注特征刻画，减少认知障碍。作品表现的是繁重的学业对学生的影响，在构图上，计算机和桌面上的文具被夸张放大，而人物被缩小，这就造成学习工具在画面中占主导位置。大手小头的反差形成了极强的空间感，这更能让人处于弱势地位，有一种人被繁重的学业逐渐压迫的无力感。

1.2　平面基本构成法则

形式美法则是日常生活中通用的美的法则，人们长期积累的生活经验表明，基本构成法则是人类利用美学原理和视觉规律形成的一套应用性经验。这些规律决定着每个设计者的审美观，在平面设计中提供点、线、面组合的设计思路。对生活的美化、对艺术的创作不仅仅依赖于内容，视觉元素的组合形式也能够影响人们的情绪，并得以美的享受，一切以视觉元素表现的领域都必须遵守以下基本法则。

1.2.1　对称平衡构成

对称与平衡是构成法则中最基础的美学原理。对称是点、线、面在上下或左右有同一形状对应、对等而形成的图形，例如，人的身体构造是基本对称的，动物的生长结构大多数也是对称的。这种大自然和生活中常见的形式美先入为主最早被人类喜欢。其最大的特点就是稳定，在机能上可以取得力的平衡，在视觉上会使人感到完美些。假如打破对称性，便会产生不舒服、不完美的感觉。"对称"是获取力的平衡的完美形态，平衡是两个以上元素之间构成的均势状态，给人的感觉是有秩序、庄严肃穆，呈现一种安静平和的美。在人们生活中，大众在构成应用上本能地就会追求对称式。

中国传统文化比较喜欢对称构成形式，这种视觉平衡的舒适感是其他任何构成形式不能比拟的。在中国古建筑中，从辉煌的故宫（图 1-20）到神秘的庙宇，以及普通的民居都在

图 1-20　故宫对称式格局

结构上大量运用对称设计手法。在建筑结构上，做对称均齐布置，体现中国"中庸"观念，布局上必须有一条庄重的南北中轴主线，起着中枢神经作用，给人一种庄严肃穆的感觉，具有古典美感和秩序感。对称式格局体现了它的"皇权"和"神权"的威严，并象征"江山"的稳定，古代帝王尤其喜欢。此外，国徽、奖章、建筑、结婚用的"囍"字、标志等都明显追求庄严、平衡的美感。"囍"字表现出一种安定美，同时符合中国婚姻观成双成对的寓意。

对称构成整体给人一种有秩序、庄重、整齐之美。对称和平衡的基本形式有四种，即反射式、移动式、回转式和扩大式。反射式(图1-21)是相同图形在左右或上下位置的对应排列。移动式(图1-22)是在总体保持平衡的条件下，局部变动位置。移动的位置要适度，要注意其平衡关系。回转式(图1-23)是在反射或移动的基础上，将基本形进行一定角度的转动，增强形象的变化，这种构成形式主要表现为垂直与倾斜或水平的对比，但在总体效果上，必须达到平衡。扩大式(图1-24)是扩大其部分基本形，形成大小对比的变化，使其形象既有变化，又达到平衡的效果。上述四种基本形式通常多为两种或两种以上形式的结合，这种构成形式的图形可达到既丰富的变化效果。

图1-21　反射式

图1-22　移动式

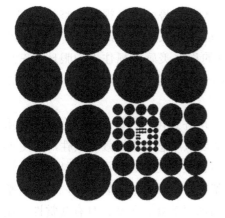

图1-23　回转式

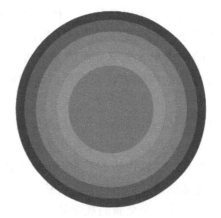

图1-24　扩大式

对称又分为绝对对称和相对对称。绝对对称形状过于完美、缺少变化，会给人以呆滞、静止和单调的感觉，很容易产生审美疲劳感。大自然是在不断地运动和发展的，人的心理也是不断变化的。在设计上最理想的平衡不是简单的中立平衡，而是相对对称平衡，在视觉上打破绝对对称平衡，要在整体平衡的基础上寻求局部的变化。这里所说的变化或打破不是无限度的，要根据力的重心，将其分量加以重新配置和调整，从而达到平衡的效果。视觉平衡根据物象的形、色、大小、位置、轻重、肌理等要素的分布来形成视觉判断上的平衡。这种构成形式比绝对对称的形式更富有活力。这种构成形式需要考虑从形、色、大小、位置、轻重、肌理等方面综合考量，如果掌握不好容易让造型失衡，让画面混乱。中立平衡与视觉平衡效果如图 1-25 所示。

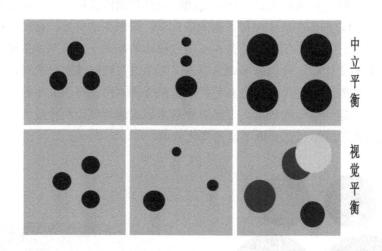

图 1-25　中立平衡与视觉平衡效果

1.2.2　重复群化构成

重复是相同或者相似的图案连续按照相同的间隔不断反复排列的一种方式，形成的画面会给人一种整体稳定的秩序美感。重复群化包括基本形和骨架（排列方式）。大自然中万物周而复始地更迭就是一种重复，重复群化构成的优势就是在视觉上整体性强，容易产生秩序美感和连续节奏感。当简单的基本形不能吸引人们注意的时候，可以借助重复群化的构成形式加强画面的视觉效果，产生震撼的秩序美感来抓住人们眼球。正是因为重复群化的构成才让天安门广场的阅兵仪式和千手观音舞蹈朴素的基本形具备震撼效果。

重复群化构成包括同一个基本形按一定方向连续地并置排列，这是最没有难度的重复群化构成，从形态上虽然没有什么太大变化，但是能以秩序感和震撼效果取胜，如图 1-26 所示。另外，可以让基本形的正负形交替排列，利用正负形交替让画面更加具有变化性。最富有趣味的重复群化构成是将基本形按照一定骨架旋转、反射、回转排列，最终将整个群化画面形成一个全新的视觉效果。重复群化构成的形要美观、平衡，具有观赏性，在操作的过程中要注意骨架排列有规律，不宜太复杂、太烦琐，否则会让观赏者很难找到规律，就会破坏点秩序的美感。

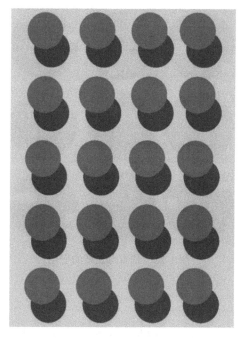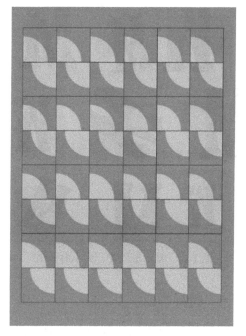

图 1-26　重复群化构成

　　生活中还有很多经典的设计都使用重复群化，例如，日本三菱公司以三枚菱形钻石重复群化构成为标志，其蕴含在雅致单纯中的灿烂光华。奥运五环中，重复的五个圆环代表五大洲，环环相扣的组合表现五大洲团结协作、相亲相爱。简单的造型表达的含义却博大精深。麦当劳的标志是最简单的重复群化，用抽象的两个门构成了麦当劳的首字母 M，表现打开的两扇金色拱门，象征着欢乐、美味。

1.2.3　近似构成

　　近似构成是指基本形之间的形状、大小、色彩、肌理等方面都包含共同特征，具有相似特点。重复群化构成与近似构成算是一种构成形式，只是重复群化构成的形是一样的，近似构成是在重复群化构成的基础上做基本形相似性变形，可以是大小、方向、角度、色彩、肌理的近似。近似构成的特点是"求大同，有小异"，就是统一中求变化。近似构成的组合形式丰富而生动并具有变化性，最常见的近似构成便是形状的近似，重复群化构成的单调性在近似构成中迎刃而解。近似程度越大，越容易产生重复之感。近似程度越小，并且近似度呈现变化规律，便产生了渐变的感觉。近似程度太小就会破坏统一感，失去近似的意义。近似构成在基本形变化的时候要适度，要让人辨识出形与形之间的一种同类关系。最稳妥的方法就是在骨骼不变的情况下基本形围绕主题发生微妙的变化。为了变化而变，基本形失去联系便会让构成杂乱无章。

　　近似构成可分为基本形近似和重复骨骼的基本形近似。基本形近似构成就是确定一个基本形，在其形态基础上进行位置、大小（图 1-27）、颜色、质感、正负的变化或者对基本形做加减变化（图 1-28）。基本形同内不同外或者同外不同内处理。

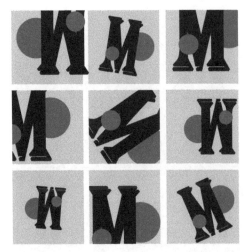

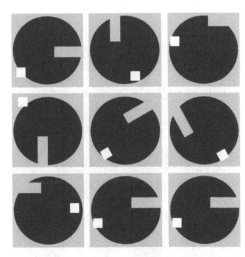

图 1-27　基本形位置、大小的变化　　　　　图 1-28　基本形加减的变化

1.2.4　特异构成

特异构成是在整体规律的情况下，小部分产生变异，与整体形成鲜明反差，造成小部分与整体秩序瞬间失调的感觉。特异构成的特点就是规律的突破，是在保证整体规律的情况下，小部分与整体秩序不同，但又与主题有一定联系。特异构成与重复群化构成、近似构成三者之间有一定联系，前面讲的几种构成形式都是追求一种秩序和谐的美，而特异构成恰恰相反，追求的是一种冲突性的美。特异的程度可大可小，特异的现象在自然形态中也是普遍存在的，例如，鹤立鸡群的"鹤"就是一种特异的现象；"万绿丛中一点红"也是一种色彩的特异现象。要突破一般规律，可以采用特异构成的方法，它容易引起人们对强烈反差的注意，进而增加趣味性，在规律中不失变化。特异构成常见的形式主要有大小特异、形状特异（图 1-29）、方向特异、颜色特异（图 1-30）、骨骼特异、位置特异等。在特异构成中应该注意规律突破越少越好，因为太多就不能起到"异"的

彩图 1-30

图 1-29　形状特异　　　　　　　　　　图 1-30　颜色特异

惊艳效果。突破部分不是为了"异"而"异",而是要与整体规律图形有一定的关联性,否则这种突破就失去意义。

重复群化构成、近似构成、特异构成这三种构成形式都是元素的反复,创造出很强的视觉覆盖性,重复群化构成以整齐取胜,近似构成以节奏感取胜,特异构成以趣味性取胜,在设计中可以任意组合,这样画面更具观赏性。

1.2.5　渐变构成

渐变是以类似的基本形或骨骼逐渐地、有规律地变化,呈现一种有序有度的节奏感,从而增加画面的趣味性。这种表现形式在日常生活中极为常见,它是符合发展规律的自然现象,如月亮的圆缺、音波的传播和水纹的运动等,都是有秩序的渐变过程。渐变最大的作用是产生连贯性,节奏在其中发挥了重要作用,若形状变化太小,节奏感就弱,那么就会削弱视觉效果,无法产生趣味性。若形状变化太大,节奏感太强,又会破坏渐变的连贯性,阻碍了视觉的自由转换。

根据视觉元素的变化,有大小的渐变(图 1-31)、间隔的渐变、方向的渐变(图 1-32)、位置的渐变、形象的渐变或色彩的渐变等。这些渐变现象在视觉效果上会产生多层次的空间感。人们通过听觉或视觉的感受,作用于生理,产生一种美感。

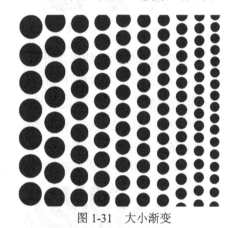

图 1-31　大小渐变　　　　　　　图 1-32　方向渐变

1.2.6　发射构成

发射构成是基本形围绕一个中心,像发光的光源那样向外发射所呈现的视觉效果。这种构成具有一种渐变的效果,有较强的韵律感。其骨骼形式是一种重复的特殊表现。由于构成后的图形具有闪光的效果,所以能给人强烈的吸引力。发射是应用较为广泛的一种表现形式。发射骨骼的构成要素是发射中心(也就是发射点)和骨骼线。发射点在画面中,有的是可见的,有的是不可见的。发射线具有方向性,离中心越远,骨骼间的距离越大,形成层层围绕的效果,能够起到聚集视觉焦点的作用。根据其发射方向的不同,在构成形式上又有各自不同的表现,归纳起来常见的有下列几种。

1. 同心式发射

同心式发射(图 1-33)的发射点从一点开始逐渐扩散。例如,同心圆或类似方形的渐变扩散所形成的重复形也是发射构成的一种形式。这种构成形式由于其主要发射线都集中在一起，格式变动有较大的局限性。

2．离心式发射

离心式发射(图 1-34)是一种发射点在中央部位，发射线向外发射的一种构成形式。另外，在离心式发射构成中，根据基本形的不同，可分为直线发射和曲线发射两种不同的表现形式。直线发射就是从发射中心以直线向外放射扩散的构成。直线发射呈现直线所具有的感情性格，构成的形使人感到其射线强劲而有力，犹如闪电般效果。曲线发射由于发射线方向的渐次变化，能表现出曲线所具有的特征，曲线的变化使人感到柔和、变化多样，并可体现一种旋转运动的效果。

图 1-33　同心式发射　　　　　　　　　图 1-34　离心式发射

图 1-35 所示为直线发射(孔雀开屏)，孔雀的夸张尾巴形成的射线感向外扩张，这种发射更能显现出孔雀开屏的骄傲感。图 1-36 所示为曲线发射，发射的中心是鸟的嘴部，羽毛被曲线化处理向外延伸，整个构成给人的感觉是柔软、起伏，有韵律感。通过造型可以解读到这是一只正在歌唱的鸟。鸟张着嘴，不是在哀鸣就是歌唱，结合柔软的曲线能感觉到这是温暖的情感，整个画面给人的感觉是舒展的，所以不可能是鸟在哀鸣。离心式发射具有很强的向外传递感，所以感受到的是鸟在歌唱，悠扬的歌声向四面八方传播。

图 1-35　直线发射(孔雀开屏)　　　　　　图 1-36　曲线发射(歌唱的小鸟)

3．向心式发射

向心式发射(图 1-37)与离心式发射是方向相反的发射。其发射点在外部，是从周围向中心发射的一种构成形式。从画面的四个角向中间发射构成的图形呈现出四组立体的起伏变化，表现其有规则的韵律。

4．移心式发射

移心式发射（图 1-38）是发射点根据图形的需要，按照一定的动势，有秩序地渐次移动位置，形成有规则的变化。这种发射构成能表现出较强的空间感并具有曲面效果。

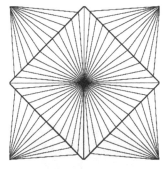

图 1-37　向心式发射

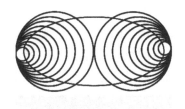

图 1-38　移心式发射

5．多心式发射

多心式发射（图 1-39）是基本形以多个中心为发射点，形成丰富的发射集团，这种构成形式具有明显的起伏效果，空间感很强。在一幅作品中，多种发射方式配合，可以让图形更有起伏波动的韵律感。

图 1-39　多心式发射

1.2.7　对比构成

对比是指同一性质的物体悬殊的差别，是互为相反因素的东西放在一起所产生的比较现象。对比构成会让互为相反的两种元素的特点更加鲜明突出。一切事物都是处在矛盾统一当中的，宇宙的基础就是矛盾统一的结合。对比是人们对一切事物进行识别的主要方法，对比可以产生明朗、肯定、强烈的视觉效果，给人的印象深刻。对比所产生的效果是变化的，让视觉产生流动。在构成法则中视觉元素如果显得简单均匀，其形象千篇一律，就会感到枯燥无味，所以在设计中强调让视觉元素赋有变化，用此达彼或者用彼达此，有参照性地加强刻画与表现事物的属性和特征，会更加一目了然，从而获得更好的视觉效果。对比构成常见的类型有形状对比、空间对比、疏密对比、大小对比、虚实对比、质感对比等。

1．形状对比

形状对比利用形状的比较，让画面产生矛盾对立，突出双方或者一方鲜明的特征，以实现主题思想的传递。形状对比包括曲直对比、方圆对比（图 1-40）、动静对比、繁简对比、抽象与具象对比、现代与传统对比等，任何形状都可以形成对比关系。图 1-41 所示设计

图 1-40　方圆对比

中的曲直对比应用比较灵活，上半部分在一个正圆形中间分割，左侧月亮半圆应用图形元素突出，在这个画面中占很大比重，右侧文字排列形成垂直直线，安排在画面中间的位置，文字形成的直线与月亮的曲线形成曲、直的鲜明对比。右下角的"探月"与主题中其他文字形成鲜明对比，增大"探月"文字字号对画面起到平衡作用。

2．空间对比

空间对比是构成画面的各个视觉元素以不同层次的空间位置组织画面。不同元素因主题需要处在各自的空间位置上，产生远近、前后的对比变化（图 1-42）。这样画面不会拥挤，视线依次传递，满足视觉传递信息的需求。

彩图 1-42

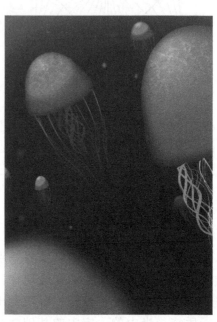

图 1-41　曲直对比　　　　　　　　　　　　　图 1-42　空间对比

3．疏密对比

疏密对比也是空间对比的一种，即密集的图形与松散的空间所形成的对比关系。"密"给人紧张感、窒息感和厚度感。"疏"给人空间感、轻松感。在画面布局上，设计者要安排好形状间的疏密关系，才能产生和谐的气氛。进行中国画的空间处理时，提出要"疏可跑马，密不通风"，非常形象地阐明了空间、疏密的对比关系。处理好疏密：其一，要注意密集点的主次性；其二，要处理好密集构成的外形，既能让人感到完整，又要使密集图形美观；其三，密集形象的运动发展趋势要形成一定的节奏和韵律感。图 1-43 所示花朵的周围用不同的线条绘制纹理，密集的线条让花朵更加突出，密集的线条、散落的花瓣以及背景上方的留白让画面层次鲜明。

4．大小对比

大小对比是视觉元素之间形态大小上悬殊的变化。这种构成容易表现出画面的主次关系，突出主题和重点。在作品中缺少大小对比的因素，一般在形式上会使人感到平淡。大

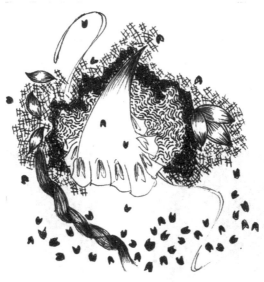

图 1-43　疏密对比

的形状为主要部分，同时，有些重复或类似的小的形状与大的形状呼应，使画面布局表现出一种有节奏的重复美，在整体上较为生动活泼，而且内容也比较充实。大小对比是构成法则中很常用的方法之一，无论任何形状和元素，只要区分出大小画面的主次，节奏就被明显地表达出来。以小衬大突出大的主体、气势，以大衬小突出小的精致、婉约。图 1-44 中的海报圆点和空中小鸟都是重复群化构成，在相同、相似事物构成法则中首先应该改变大小，这样可以打破视觉元素的单调性，让整个设计更丰富、更有节奏感。

彩图 1-44

图 1-44　大小对比

5．虚实对比

画面中元素有虚实反差，实的元素突出向前，虚的元素靠后弱化。两者形成鲜明对比会让画面产生很强的节奏感、空间感。中国艺术最喜欢虚实相生，在艺术中用实来明确主题，用虚来营造氛围。虚的元素似是而非让人回味无穷。图 1-45 所示颜色明度变化可以造成虚实关系，造型边缘轮廓的清晰度也可以产生虚实的效果。在实际应用中虚实对比要依据主题需要适当分配，通过巧妙安排让艺术作品妙趣横生，产生与主题合一的意境。

彩图 1-45

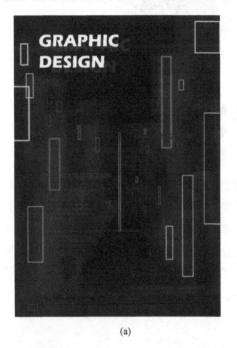

(a)　　　　　　　　　　　　　　　　　(b)

图 1-45　虚实构成

6．质感对比

质感是对事物的一种感性评价，是人们在生活中积累的一些经验和体会在影像上的条件反射。在造型艺术中借助技巧把不同事物的真实感表现出来，尤其是视觉体会不到的触觉、味觉等的微妙感受。质感可以让造型更有温度和品味，图 1-46 中，立体的金属、平面的齿轮、灵动的瓢虫等不同事物的特征采用不同纹理质感表达经过大脑处理激发一种对该事物材质、触感的记忆印象，结合原来具备的材质、触感经验，延伸出丰富的心理活动。

除了以上介绍的对比构成外，在平面设计中还有很多互为相反的事物在一个画面中形成鲜明而有特色的构成。高级的对比除了基本构成法则外，更多的是扎根生活的经验和体会、肌理对比、情感对比等。对比是平面设计中非常重要的形式美法则，对比应用的时候必须结合内容，选择一种或者多种对比形式，让对比中的一方面衬托另一方面，并让主题和思想更突出、更丰富、更有节奏感。另外，对比构成虽然寻求变化，但一味地变化缺乏对画面整体性的考虑，便会出现零乱、琐碎的效果。在一幅作品中，统一是基础，对比要适度，如果变化过多，对比过于强烈，便会使

图形之间互相争夺，看上去眼花缭乱而失去美感。这就是每幅作品都要对比、变化
与调和、统一共存的道理。

彩图 1-46

图 1-46　质感对比

第2章 色彩构成

色彩赋予世界生命，自然界中任何一种颜色都在向人们展示某种信息。人们喜欢带有色彩的自然物，它让世界更有温度和感情。色彩构成是用科学的方法把复杂的色彩想象还原为基本元素，按照一定的规律组合构成，形成一种色彩视觉语言体系，从而实现主题传递和达到理想的色彩效果。色彩构成就是色彩的构建，是专门研究色彩组合规律的学科，在平面构成中色彩构成是基础学科之一，它培养平面设计者建立色彩视觉创造性思维。

2.1 光 与 色

色彩是因为有光才能被感知到的，因此光色是不分家的，有光才有色。在物理学上 0.39~0.77μm 波长的电磁波才能被人们的色彩视觉感知到，这个单位称为可见光谱。波长大于 0.77μm 称为红外线，波长小于 0.39μm 称为紫外线。光是以波动的方式进行直线传播的，波长长短决定了色相差别，振幅强弱决定了色相的明暗差别。物体本身具有颜色，固有色是在白光照射下呈现在人眼中的颜色。直接传入人眼的光色为光源色。不同物体对色光的吸收、反射或者透射的能力是不一样的，另外，受光源色与环境色的影响，一般相同的物体在不同情况下呈现的色彩是不同的。这就是色彩的千变万化的美妙之处。

计算机显示器的色彩是借助显示器内部的显像管呈现的，当显像管发射的电子流达到荧光屏内侧的磷光片上时，就会产生发光效应，分别发出红、绿、蓝三种光波，计算机程序量化地控制电子束强度，由此精确控制各个磷光片的光波的频率，再经过合成叠加，就模拟出自然界中的各种色光。计算机色彩模式常见的是 RGB 色彩模式和 CMYK 色彩模式。

2.2 色彩的三要素

色彩三要素(Three Key Elements of Color)通过色彩可用的色调(色相)、明度和饱和度(纯度)来描述。人眼看到的任一彩色光都是这三个特性的综合效果，这三个特性即是色彩的三要素，其中色调与光波的波长有直接关系，亮度和饱和度与光波的幅度有关。

2.2.1 色相

通俗来讲，色相是指色彩的相貌，是区分色彩种类的名称，是色彩的首要特征。色彩是由物体上的物理性的光反射到人眼视神经上所产生的感觉。色的不同是由光的波长的长短差别所决定的。从光学角度来说，色相指的是这些不同波长的情况。波长最长的颜色是红色，波长最短的颜色是紫色。黑、白、灰没有纯度的颜色称为无彩色系，把有纯度的颜色称为彩色系。色相的特征取决于光源的光谱组成以及有色物体表面反射的各种波长对人眼产生的感觉。在光谱中有红、橙、黄、绿、蓝、紫六种基色，处在两种颜色之间的有红橙、黄橙、黄绿、蓝绿、蓝紫、红紫这 6 种间色，基色和间色可形成常见的 12 色相环(图 2-1)。在 12 色相环的基础上可以演变成 24 色相环(图 2-2)、36 色相环，在两种颜色之间取间色进行规律排列。在设计中以色相变化为基础的构成可以分为四大类：同类色构成、类似色(邻近色)构成、对比色构成、互补色构成。

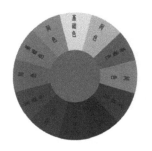

图 2-1　12 色相环　　　　　　　　　图 2-2　24 色相环

1. 同类色构成

同类色构成是在色相不变的情况下明度或者纯度变化的色彩搭配，在 24 色相环中，15°角以内的组合，通俗地理解就是一种颜色之间深浅的变化。这种色彩搭配的优点就是颜色不冲突，色彩效果较统一；缺点就是如果搭配不好便会产生单调、呆板的感觉。建议同类色构成中要增加明度、纯度的对比度，以增加层次感，如图 2-3 所示。

图 2-3　同类色构成

2. 类似色构成

类似色构成又称为邻近色构成(图 2-4)，24 色相环上间隔 15°～60°角之间色彩的搭配。这种配色在色相上既有共性又有变化，是很容易取得配色平衡的手法。类似色构成的特征在于色调与色调之间有微妙的差异，相比较同一色调在变化上更明显，有朦胧的色相差别感。类似色构成方案是色相环上相邻的颜色之间进行搭配，它们本质上是和谐的。优点就在于追求色彩的统一性，搭配显得和谐、柔和、雅致；缺点就是对比弱，如果不注意明度和纯度变化，极易显得平庸、单调。例如，蓝色、蓝绿色、绿色构成或者橙色、橙黄色、橙红色构成就是类似色构成。

彩图 2-4

图 2-4　类似色构成

3．对比色构成

对比色构成是 24 色相环上间隔 120°～180°角的色彩彼此间的搭配。对比色构成因色彩的特征差异，能造成鲜明的视觉对比，有一种"相映"或"相拒"的力量使之平衡，因而能产生对比调和感。对比色在色相环上选择时跨度大，会因横向或纵向跨度有明度和纯度上的差异，具有明快、活跃、令人兴奋的特点，如红色与蓝色、绿色就是对比效果。图 2-5 所示的配色用黄色更加突出画面中的局部色块，背景蓝色与局部黄色鲜明对比，把黄色衬托得更加干净明亮。

彩图 2-5

图 2-5　对比色构成

4．互补色构成

互补色构成是在 24 色相环上两种互成 180°角的颜色间的搭配。在色相构成中互补色构成是属于对比构成的，但不是什么样的对比都能产生互补的效果。互补色分为美术互补色和光学互补色两种。美术互补色的定义是色相环中成 180°角的两种颜色；光学互补色以适当比例混合产生白光。例如，红色在美术中是与绿色互补的(图 2-6)，而在光学中红色的互补色为蓝绿色。由于互补色有强烈的分离感，因此在设计中适当运用互补色能够增强色彩对比，产生距离感，让画面更有层次。

彩图 2-6

图 2-6　互补色构成

2.2.2　明度

明度是指色彩明亮程度，颜色所具有的亮度和暗度称为深浅差别。每种颜色有各自的亮度，不同明度的颜色组合在一起便会形成画面层次。无彩色系中，最高明度为白色，最低明度为黑色，灰色居中。相同颜色的明度变化就是加黑加白进行改变。彩色系中，黄色明度最高，蓝紫色明度最低，中间明度为红、绿色。色彩的层次、体感、空间感、重量感、软硬感都可以用色彩的明度对比来实现。计算明度的基准是灰度测试卡。黑色为 0，白色为 10，在 0～10 等间隔地排列为 9 个阶段。明度配色中，明度差小的组合为短调，明度差大的组合为长调，介于短调和长调中间的组合为中调。在明度变化中，以 70%以上高明度色为主构成高明度基调，根据明度对比强弱不同又分为高长调、高中调、高短调。高明度基调给人以轻快、明晰、明朗、高雅、纯洁的感觉。以 70%以上中明度色为主构成中明度基调，根据明度对比强弱不同可分为中长调、中中调、中短调。中明度基调给人以朴素、庄重、平凡的感觉。以 70%以上低明度为主构成的低明度基调，根据明度对比强弱又分为低长调、低中调、低短调。低明度基调给人以沉重、混沌、浑厚、黑暗、哀伤的感觉。以上介绍的明度对比变化，请参照图 2-7 所示进行学习。

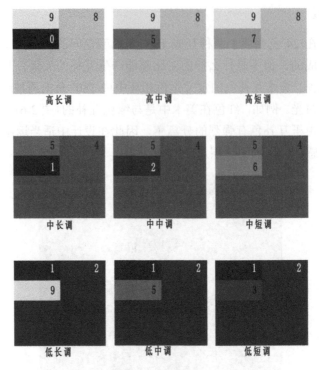

图 2-7 明度对比

2.2.3 纯度

纯度又称为饱和度,是色彩的鲜艳程度,纯度最高的颜色就是原色,然后加白加黑都可以改变纯度,纯度降低,颜色可以变淡,也可以变暗,直至到失去色相变成黑、白、灰色。彩色系之间由于色相的不同而纯度不同,而且即使是相同的色相,因为明度的不同,纯度也是会随之变化的。高纯度构成色彩饱和、鲜艳,具有肯定、强烈、华丽、鲜明、个性化的特点,如图 2-8 所示。中纯度构成色彩温和柔软、典雅含蓄,具有亲和力、稳重、浑厚的特点。低纯度构成色彩属性不明确,非常接近中性灰调,色彩朦胧、暧昧,具有神秘感。

彩图 2-8

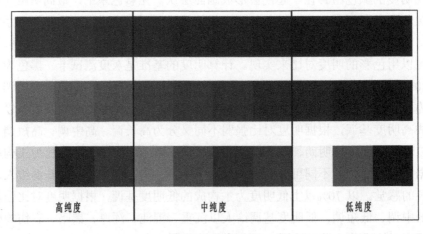

图 2-8 纯度对比

色彩三要素是每一种颜色同时都具备的三种基本属性，人们将千变万化的色彩依据三要素规律秩序地排列就形成色彩体系。

2.3 色彩的混合

2.3.1 三原色

色彩混合是指某一颜色中混入另一种颜色。经验表明，一切色彩都是在三原色的基础上得到的，两种不同的颜色混合，可获得第三种颜色。三原色分别是红、黄、蓝，是不能用其他色混合而获得的颜色，而其他色可由这三色按照一定的比例混合出来，色彩学上称这三种独立的色为三原色或三基色。间色又称为"第二次色"，是由三原色中的任何两种原色相互混合产生的颜色。三原色中的红色与黄色等量调配就可以得出橙色，把红色与青色等量调配得出紫色，而黄色与青色等量调配则可以得出绿色。从专业角度来讲，如图 2-9 所示的由三原色等量调配而成的颜色称为间色。当然，三种原色等量调配就是近黑色了。

在调配时，由于原色在分量多少上有所不同，所以能产生丰富的间色变化。复色也称为次色、三次色，再间色也称为复色。复色是用原色与间色相调或用间色与间色相调而成的三次色。复色是最丰富的色彩家族，千变万化，丰富异常，复色包括了除原色和间色以外的所有颜色。复色可能由三种原色按照各自不同的比例组合而成，也可由原色和包含有另外两种原色的间色组合而成，因含有三原色，所以含有黑色成分，纯度低。如果把原色与两种原色调配而成的间色再调配一次，就会得出复色。复色是很多的，但多数较暗灰，而且调配不好，会显得很脏。

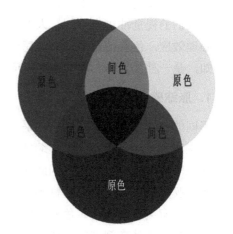

彩图 2-9

图 2-9 　原色与间色关系

2.3.2 色彩混合

加色法即色光混合，就是红、绿、蓝三原色光按照不同比例相加混合出其他色光的一种方法，当三原色等量混合时得到的是白色。加色法广泛应用于舞台灯光照明及影视、计算机设计等领域。减色法是色料的混合方法，在光源不变的情况下，两种或者多种色料混合后产生的新色料。减色法与加色法相反，不但色相变化，纯度、明度也会降低，混合的颜色种类越多，色彩就越浑浊，甚至到黑灰的程度。日常绘画、设计、染色、粉刷的色彩调和等都属于减色法应用。加色法与减色法比较如表 2-1 所示。

表 2-1　加色法与减色法比较

混合法	加色法	减色法
原色	色光	色料
原色色相	红（R）、绿（G）、蓝（B）	青（C）、深红（M）、黄（Y）
实质	色光增加，加入原色光，光能量增大，明度变大	色料混合，减去原色光，光能量减少，明度变小
颜色混合基本变化规律	红（R）+绿（G）=黄（Y） 蓝（B）+红（R）=深红（M） 绿（G）+蓝（B）=青（C） 红（R）+绿（G）+蓝（B）=白（W）	青（C）+深红（M）=蓝（B） 黄（Y）+青（C）=绿（G） 深红（M）+黄（Y）=红（R） 深红（M）+黄（Y）+青（C）=黑（K）
补色关系	补色光相加，越加越亮，形成白色	补色料相加，越加越暗，形成黑色
用途	彩色影视、剧场照明、计算机设计	彩色印刷、绘画、设计、染色等

2.4　色彩的生理与心理功能

通过研究发现，设计中的色彩除了模拟自然界中各种物种的固有颜色外，不同波长的颜色对人们的视觉冲击也不同，人们在接收到这些各种各样的颜色的同时，会相应出现不同的心理效应。色彩的生理与心理感受是人们通过生活中所经历的事物，对色彩的一个心理感知，是一种视觉与心理的联动反应。

1．胀缩感

不同的色彩虽然面积相同，但是在视觉上给人大小不一样的感觉。有些色彩会让物体产生膨胀感，有些色彩会产生收缩感。这是因为不同波长的光通过晶状体时，聚焦点并不完全在视网膜的一个平面上，因此在视网膜上的影像的清晰度就有一定差别。长波长的暖色在视网膜上所形成的影像模糊不清，似乎具有一种扩散性；短波长的冷色影像就比较清晰，似乎具有某种收缩性。色彩的膨胀感、收缩感还与明度有关。由于"球面像差"物理原理，光亮的物体在视网膜上所成影像的轮廓外似乎有一圈光围绕着，使物体在视网膜上的影像轮廓扩大了，看起来就觉得比实物大一些。因此波长长、光度强、纯度高的色彩会产生扩散性，造成成像的边缘线有模糊带，产生膨胀感，反之则具有收缩感。

2．进退感

从生理学上讲，人眼晶状体的调节对于距离的变化是非常精密和灵敏的，但是它总是有一定的限度，对于波长微小的差异就无法正确调节。眼睛在同一距离观察不同波长的颜色时，波长长的暖色（如红、橙色等）在视网膜上形成内侧映像；波长短的冷色（如蓝、紫色等）则在视网膜上形成外侧映像。因此，暖色产生前进感觉，冷色产生后退感觉。色彩的前进、后退形成的距离错视原理在设计中常用来加强画面空间层次，这样可以使设计中的丰富色彩排列有序。在排版中给重点和主体造型使用颜色让其产生前进的感觉，其他辅助元素则让其后退。这样画面就会主次分明，让阅读和观赏能够按照设计者的构思层次进行有意向的引导。

3．轻重感

色彩的轻重来自生活中的体验，决定色彩轻重感的主要因素是明度，即明度高的色彩感觉轻，明度低的色彩感觉重。其次是纯度，在同明度、同色相条件下，纯度高的色彩感觉轻，纯度低的色彩感觉重。在所有色彩中，白色给人的感觉最轻，黑色给人的感觉最重。从色相方面看，暖色黄、橙、红给人的感觉轻，冷色蓝、蓝绿、蓝紫给人的感觉重。在生活中，冰箱因为体积庞大，为减轻厚重感，喜欢使用浅色系，冰箱也称为白色家电。而一些精密仪器为了增加质感往往喜欢用深色系，这样会给人一种密度大、品质好的感觉。在版式设计中往往喜欢使用上素下艳或者上白下黑的色彩分布，这样有一种稳重踏实的感觉，相反则会使人有头重脚轻、不安的感觉。

4．奋静感

色彩的奋静感是指色彩对人的情绪影响，这种感受与色相、明度及纯度都有关系。一般认为暖色会让人产生兴奋的感觉，也可以称为积极色。冷色则会让人平静，也称为消极色。此外，纯度、明度高的色彩会有兴奋感，纯度、明度低的色彩会有平静感。强对比的色彩会有兴奋感，弱对比的色彩会有平静感。大量研究表明：色彩对人的情绪引导是真实存在的。例如，精神病院应该使用镇静效果的颜色，这样有利于患者情绪的稳定；伦敦的菲里埃大桥由黑色桥身改为蓝色桥身后，从桥上寻短见的人数锐减。

5．冷暖感

在色环中，以绿、紫色为界，将其分为两个区域：冷色区与暖色区（图2-10）。色彩的冷暖与波长的长短有关，波长长的色彩给人以温暖的感觉，波长短的色彩则给人以清冷的感觉。这种冷暖感是人的一种主观感受。暖色都来自生活中温暖的场景，如太阳、火焰等，易让人产生紧张、激动、兴奋等情绪，并具有积极、热情、活力、外向的特征；冷色让人联想到海洋、冰水、大雪等，具有寒冷、沉着、寂寞、深远、理智、消极、冷静、清爽、

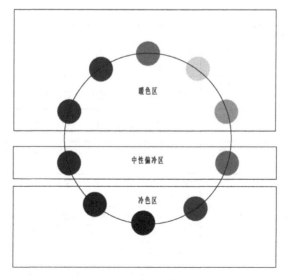

彩图 2-10

图 2-10　色彩的冷暖

内向的特征。蓝色或绿色是大自然赋予人类的最佳心理镇静剂。日本色彩学家大智浩曾通过实验来证实这一色彩效应：两个车间的环境颜色，一个为冷调的青灰色，另一个为暖调的红橙色。在客观上，两个车间的温度是相同的，但车间中的工人主观感受上的温度有很大差异。在青灰色车间工作的人，在 15℃时仍感到冷，但在红橙色车间工作的人，在 12℃时还不感到冷。由于车间环境色彩的差异，工人感受的温度竟有 3℃之差，其原因是冷暖不同色调的色彩环境刺激人的感官，产生了降低血液循环或加快血液循环的生理现象。

2.5　色彩的联想

色彩在平面设计作品中有很强的辐射作用，大脑接收色彩信号后会直接或间接影响人的心理或者生理，进而唤起人们的某种意识形成一定的心理感受。色彩联想是人的一种心理活动，通常那些抓不到、摸不着的感受往往利用色彩联想去实现。色彩的联想分为具象色彩联想、抽象色彩联想、共感色彩联想三种类型。具象色彩联想依据客观存在的事物产生色彩感受，抽象色彩联想依据抽象概念或者事物产生色彩感受，共感色彩联想是在感官活动的基础上进行的。具象的色彩联想比较直接，往往来自客观事物固有色，因此使用具象的色彩联想能够增加辨识度，如红色会让人联想到火、太阳、草莓、血液等事物。抽象色彩联想就需要有丰富社会经历和渊博的知识，抽象的色彩往往表达的是一种内在的关联性，它是一种间接色彩感受，红色会让人联想到能量、喜庆、危险等。共感色彩联想是通过视觉引发味觉、嗅觉、听觉、触觉上的感受的，它是一种源自五官的立体认知，如红色让人联想到辣、烫、躁动的感觉。色彩联想还有多种形式，如从色彩联想到空间、从色彩联想到事物的温度、从色彩联想到事物的质量等。

色彩和人类心理联想之间的关系比较复杂，相同的色彩随着时间、地点、人物的改变就会发生变化，同样的色彩由于环境不同，明度、纯度也会有很大的反差，这也势必会带来不同的视觉感受，如表 2-2 所示。

表 2-2　色彩联想

色彩	具象色彩联想	抽象色彩联想	共感色彩联想
红色	火、太阳、救火车、红灯、警报器、血液	温暖、能量、激情、喜庆、勇敢、奋进、危险、革命	辣、烫、躁动
橙色	橙子、秋天的叶子、柿子、烛光、可口食物、胡萝卜	甜美、温馨、欢乐、美好、甜蜜、成熟、美味	甜、食欲、温和
黄色	柠檬、宫殿、向日葵、珠宝、阳光、烛光、香蕉	光明、希望、辉煌、高贵、色情、权利、	酸、涩、敏感
绿色	植物、自然、果实、草、山、橄榄枝	茂盛、健康、舒适、青春、希望、活力、环保、安全、和平	涩、苦、青涩
蓝色	天空、大海、湖水	深远、辽阔、理性、悲伤、理想、冷漠、孤独、空旷	冰、凉、酷
紫色	茄子、葡萄、薰衣草、紫水晶	高贵、情调、浪漫、古朴、神秘、忧伤、无限	苦、晦涩
黑色	黑夜、煤炭、墨汁	死亡、昏暗、罪恶、高贵、神秘、沉默	苦、厚重、闷
灰色	天空、雾霾、灰尘、乌云、老鼠	无聊、高科技、知性、悲伤、内向、消极、失望、抑郁	闷、窒息
白色	雪、纸、白糖、白兔	纯洁、空洞、无知、洁白、未知、洁净、清晰、神圣、透明、素雅	苦、甜、轻柔

第3章 版式设计

版式设计是现代设计艺术的重要组成部分，是视觉传达的重要手段。但是大多数人对版式相关的知识知之甚少。在以往的阅读上只关注主题、图形，很少感受到版式对阅读的重要性。什么是版式？版式即版面编排，是指根据设计主题和视觉需求，将特定的视觉信息要素(标题、文稿、标识、图形、色彩)进行有组织、有目的的排列组合的设计行为与过程。随着时代的进步，版式设计的基础理论越来越被重视。尤其是数字媒体背景下，视觉图像取代了文字主导地位，版式除了传递信息的基本功能外，也展现了人们对于阅读的交互性、情绪性、趣味性等的创意需求。文化传统、审美观念和时代精神风貌也被大大重视。版式设计理论广泛地应用于广告、书刊、包装、装潢、展板、网页等传播媒体。

3.1 版式设计的意义

1. 增强信息传播性

版式设计本身并不是设计师的最终目的，它是传递信息的手段。一切与信息传播有关的媒介都是通过对版面的编排组合，更有效、更美观地增强传播功能，这是版式设计最基本的功能。当纷繁复杂的视觉信息展现在眼前的时候，什么样的信息才能让我们愉快地去接收呢？信息密集繁杂，传递方式雷同，导致在阅读时信息彼此干扰，很难在短时间内有效阅读。排列有序、层次分明，才能让阅读有主次。凡是优秀的版面设计，都需要了解受众的视觉习惯和心理特征，使版面各个元素明确表达目的和主题思想，利用上好的创意策划和表现手法，做到主题鲜明、形象突出、美感强烈。

2. 提高阅读准确性

现代生活节奏快、压力大，每天被大量信息包围的人们没有耐心去慢慢阅读。人们更愿意关注简单美丽的事物，阅读流程清晰的版面更容易被受众快速识别。版面不是靠文字和信息多少来吸引读者的，也不是靠版面密集度来吸引读者的，而是靠科学编排，把各种元素根据特定内容进行组合排列，既可以使画面形式服从内容，提高信息的传播效率，又让版面风趣而富有内涵，让读者在轻松愉悦中阅读。

3. 强化记忆功能

版式设计传播、阅读的准确性只是基本功能，当信息被准确解读后就要追求其留存在记忆深处的时间，也就是持久性。版式不仅仅有形式美，还要够激发阅读者的兴趣，使画面生动、有趣、幽默，这样能够深度刺激人的大脑皮层，让信息持续留存。版式设计中的技巧和关联性可以引导阅读信息分组来记忆。有些教科书一味追求信息的传递而忽略美感的表达，平铺直叙的版式让人感到枯燥无趣，产生阅读上的疲劳感。通过独特的艺术气质与风格感染读者，才会到达记忆的深处，强化记忆功能，让信息留存更加持久。

4．注重艺术传达

版式设计在主题传播功能完成后，就要靠版式设计者的艺术修养和个性表达来实现版式美的感受。精美的图片、炫目的色彩、诱人的主题使得版式设计更像是一件时代艺术品。艺术的审美传达职能贯穿在整个排版过程，文字、色彩、图形均围绕审美传达需求展开，不断探索艺术的个性化与多样化。观赏者在阅读的同时体验一种诗情画意的意境美，让人遐想和深思，从而完成愉快的阅读。在设计中朴素的元素通过创意和技巧表达出灵性与美感，在编排上以独特的思想和主题让受众产生联想，进而打动观众，这是设计的上乘手法。

3.2　版式设计的基本原则

3.2.1　主题鲜明突出

信息在传递中不可能一眼全部阅读到，在有限的画面中，提高信息传递和情感传递的效率，突出主题是最有效的方法。因为一个鲜明的主题和视觉中心可以快速让观赏者找到主角与重点，这是现代快节奏生活非常需要的。所以主题突出不仅仅是一个排列位置的问题，还是设计思想的关键。

要想主题突出，最简单有效的方法就是把主题放在视觉注目价值高的位置。以视觉习惯为切入点，建立版式与视觉习惯之间的联系。通常来说，一个版面的上半部视觉注目价值要高于下半部，左半部视觉注目价值要高于右半部，因为阅读习惯是从上到下、从左到右的。因此版面的左上角与中上部就成为视觉最佳位置，如果主题信息放在这个位置就会被突出。报纸的头版头条在左上角，因为头版头条位置有限，大型门户网站的左上角的重要的信息都是滚动播放的。

图 3-1　左上角重心

当主题信息不能放在视觉最佳位置时，可以在主体图形四周增加空白，让视觉中心转移，实现主题突出。中国传统美学上有"计白守黑"的说法。编排的内容是"黑"，也就是实体，"白"是未放置任何图文的空间，也可以是被极度弱化的文字、图形或色彩，它是"虚"，留白是为了让视觉得到休息，然后浏览更重要的内容。留白形式、大小、比例决定着版面的质量。在排版设计中，巧妙地留白会让视觉重心跟随设计者的引导转移，让不同位置的主题、重心醒目，这就是有目的地编排信息。图 3-1～图 3-3 所示的文字与图形相比，图形的造型都更加醒目。为了突出主题文字，设计者把图形放在视觉习惯相对弱的右侧，主题文字周围增加空白以制造相对简单的空间，增加主体文字的吸引力，如图 3-1 所示。

图 3-2　左半部重心

图 3-3　下半部重心

《品味四川》的版式在各方面都对主题突出有很明显的表现。如图 3-4 所示，红色的主色调突出了四川火锅特色，红色既有热、辣、火的色彩属性，还可以延伸为四川这个城市的时尚、火爆的含义。图形是鸳鸯火锅的结构，但是锅里的食材用四川非常有特色的文化、景点、文物、美食进行替代，这些元素的选择非常典型，对四川稍微有了解的人都能心领神会，表达了四川这个城市多元又丰富的文化，由于四川火锅非常有名气，用火锅形式来展示让元素编排更加具有四川属性，版式中以主题为出发点进行大胆、跳跃的表达，让宣传具有既熟悉又惊喜的感觉。

3.2.2　版面简明易懂

版式设计切忌过分繁杂，版式与传达的内容不可本末倒置、宾主不分，没有任何一个读者愿意在阅

彩图 3-4

图 3-4　主题鲜明突出

读的过程中遭遇辨识的折磨，能在轻松愉悦的状态中获取信息是人人都喜欢的事情。简明易懂是轻松阅读的前提，优秀的版式设计并不会堆砌太多的信息量，而是力求删繁就简，让阅读变得轻松愉快。为了版面的简约，在图和文字的使用上必须做到与主题高度契合，消除不确定元

素的干扰，让设计直抒胸臆。图 3-5 所示作品并没有用过多的元素，凝练又突出的主题一语道破中心思想，"一个不少"的主题突出，旁边的多组数据用来辅助说明，在字体颜色和字号搭配使得整体效果有意弱化，让版面简洁大方，阅读者能够快速捕捉到重要信息。然后留白让版面下方的"2020·脱贫攻坚"信息突出，整个主题一目了然、跃然纸上。版面设计切忌把整个空间填满，"多"并不代表阐述表现详细，相反应该用"集中""提炼"，将主题概括准确，轻而易举创造一个强烈的视觉焦点。

图 3-5　简洁版式

当今社会，极简主义版式风格被大众喜爱的原因就是简单、明了，"阅读"信息准确，不费头脑，更少为了更多的设计。现代极简主义风格诞生于建筑设计理念，本意就是追求简约，它已经开始从艺术理念演变为一种哲学生活方式。版式的极简在传播性与准确性方面有很大优势。下面这三幅作品都是极简主义风格的海报，由于内容的十分简洁，这就要求在排版技巧上多下功夫，以便使简单的画面更具有个性。图 3-6(a)为全文字海报，通过文字排版来调整画面布局，利用文字的缺失来增加新奇感，这种简单的设计最凸显版式设计的优势。图 3-6(b)的图形利用简单文字、图形和大面积留白营造了很强的意境美，大块蓝色背景搭配哈尔滨工程大学独一无二的建筑，在视觉上凸显哈尔滨工程大学的特色。两种蓝色略微的差别打破了留白的单调，区别天空与海洋的蓝色，加上"军工特色"、"三海一核"和"科技强国"，简明扼要地突出宣传主题。这种既熟悉又新奇的创意是极简海报特色。图 3-6(c)的文字表述直白，图形去掉了繁杂多余的部分，强化五官，搭配上灵魂的白线条，这种具象图形与线条组合增加艺术感。这三幅作品在设计元素、排版、色彩上都以少取胜，看似简单却特别花心思。

彩图 3-6

(a)　　　　　　　　　　(b)　　　　　　　　　　(c)

图 3-6　极简海报

3.2.3　元素主次分明

　　主次分明就是按照基本素材的角色轻重划分，在版式视觉中心上的执行与贯彻。主次是否分明，主要看设计者是否准确把握主题，是否能够对各种视觉元素进行灵活调配和组合，也体现着设计师的基本原则和设计风格。主次混乱就会影响主题信息的获取，影响观赏者对传达的信息的正确理解。为了提高阅读的准确度和艺术质量，需要让版面上各个元素"各就各位，各司其职"。在"主"元素上强化，使之成为版面的中心，"次"元素要大胆弱化，形、色、体都要围绕主体需要来调整。借助对比来拉开"主""次"层次感，对比越鲜明，冲击力越强。主体视觉元素是指纹，这个解锁的指纹形象被放大后更有张力，这种利用超过视觉习惯尺寸的图形夺人眼球的方式来突出主题如图 3-7 所示，加上副标题"科技.艺术图片展"让人快速解读到重点信息。文字字号与图形层次变化增加了版面中的跳跃感。

彩图 3-7

图 3-7　展览海报

3.2.4　元素对齐原则

　　对齐是版式设计中最基本的原则，编排让版面中的元素有一种视觉上的联系，建立一种秩序感，更有利于阅读。在版式排列中，统一性是一个很重要的概念，相同、相似元素或者有关联的元素之间不能随意摆放，通过整齐规律的排列使视觉元素更加有条理性。对齐原则的根本目的就是让版面有秩序性，对齐秩序让人在阅读中产生极强的舒适感。对齐分为左对齐、右对齐、居中对齐、顶对齐、底对齐、两端对齐，如图 3-8 所示。在使用对齐的时候切记不要凭感觉对齐，希望借助参考线准确对齐，或者借助计算机软件自动对齐方式严谨执行对齐方式。另外，在一个版面范围内不要使用多种对齐方式，对齐的目的是产生秩序感，多种对齐方式会有秩序冲突，打破整齐统一性。

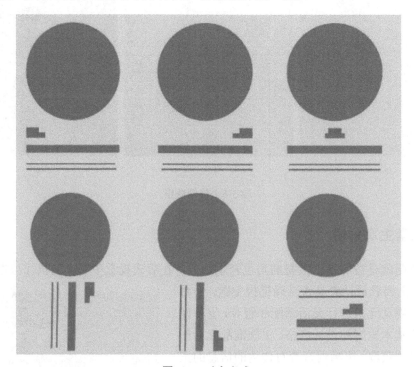

图 3-8   对齐方式

3.2.5   形式与内容统一

一幅作品设计的内容包含题材和主题两部分，一些设计者把两者混淆，造成表达上的不清晰。题材是设计作品中所描写的现实生活，如版面中需要刻画的建筑、植物、人物等，是内容的客观层面。主题是设计作品中对现实事物、生活的评价、思想情感和审美理想，是内容的主观层面。成功的版式是在好的构思和想法基础上，选择适合表现内容的艺术形式。内容与形式两者相互依存，密不可分。只讲求完美的形式而脱离内容，或者只讲求内容而缺乏艺术的表现，都会让版式变得空洞和刻板。初学者更习惯表达内容的客观层面，在设计上缺少个人的思想、情感表达。

靳埭强认为漂亮的设计并不一定是好的设计，最好的设计是那些适合企业、产品宣传主题的设计。对于靳埭强的这句话，可以理解为排版设计中文字、图片及色彩等视觉传达信息元素要根据主题与内容需要进行特定的组织和排列。如图 3-9 所示，这两幅作品是黑龙江评剧院《风雪夜归人》在哈尔滨工程大学演出的门票设计，两个设计表现的主题略有不同，图 3-9(a)重点突出哈尔滨工程大学特色，因此在设计上使用了能够凸显哈尔滨工程大学建筑特色的大屋檐元素，这表明该门票是专属于哈尔滨工程大学演出的门票，这样的设计构思是围绕演出地来进行排版设计。图 3-9(b)的构思是围绕着剧目名进行设计，主要突出一种氛围感，背景的漫天风雪给人沉浸式的体验，尤其是白点的走势，让人感觉到顶风冒雪艰难前行。两幅作品中由构思决定了视觉元素、排版，这就是靳埭强说的设计，它是主题决定形式的设计，而不是空洞的视觉震撼形式主义。

(a)

(b)

图 3-9　《风雪夜归人》门票

3.2.6　强化整体布局

整体布局即版面中各种视觉元素的编排结构、造型与色彩搭配整体配合的原则。各种视觉元素都有各自的属性和个性，在一个版式中不能无限发挥单个元素的特点、风格。各种视觉元素是否有关联性，协调排列组合是否有条理性，整体与局部关系是否适合读者的视觉心理，这些检验的是一个设计者对版面的协调能力。各种元素只有以符合主题思想为前提来组织编排，才不会产生混乱，通常具有秩序、明朗的布局，既增强版面布局的整体性，又给人一种清新、自然的新感觉。

谈到版面的整体布局，先要知道版面的利用率。在画面中，除去天头、地脚和左右页边距，剩下的部分称为版心。版心占版面的比例就是版面率，它决定了版面设计的整体布局与画面的气质。版心越大，版面率越高；版心越小，版面率越低，如图 3-10 所示。一般来说，高版面率给人的感觉是视觉张力大，画面承载的内容多，画面拥挤、压抑；低版面率版面，信息承载少，阅读更加有效，给人的感觉是典雅宁静。现代版面设计尤其是一些精装图书和讲究的版面都更喜欢采用低版面率布局，这样的布局会让整个信息传递更加有效，让版面更舒服、更具有格调。

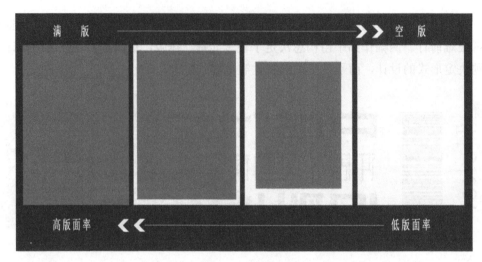

图 3-10　版面率

3.3　版式设计的基本元素

3.3.1　文字

版式中的文字是一个基本视觉元素，不仅是传递信息的主要手段，其独特的造型又能美化装饰画面。文字的样貌大体可分三种类型，即中文字体、拉丁文字体、阿拉伯数字。在设计中除了使用计算机提供的各种字体外，还可以使用手写体和自己设计的字体来增加版面的灵性和美观度。学习控制版面上的文字是版式设计中至关重要的一环。大多数人受平时书写习惯的影响，往往容易忽略文字的视觉效果。下面介绍文字编排的原则。

1. 易读性原则

文字的易读性是文字编排必须遵守的一项基本原则。这种易读性不仅仅是为信息的传递服务，还要考虑到观赏者在阅读时的心理、生理需求，让信息传递成为一种愉悦的享受，给观赏者留下美好体验。在文字编排上应该注意以下几个方面。

1）字号大小影响阅读

在文字编排中并没有适合阅读的固定字号，字号的选择要依据空间位置来决定，适合识别的字号就是最好的。一段正文在报纸广告上可能 8～10 磅字就足够了。在海报招贴上，因为阅读距离的不同，可能 24 磅以上的字才能看清楚。而在视觉画册上，10 磅字都已经感觉偏大了一点。计算机的字体通常采用号数制、点数制和级数制。点数制是国际流行的标准制，也称磅。建议把计算机字号按照由大到小编排好并打印出来，作为设计排版的参考。尽量不要用 5 点以下的字，这对印刷的质量要求很高，而且不利于阅读。另外，正文文字要与主题文字对比鲜明，正文文字之间的字号也有要层次，增加文字的活跃率，这样会打破单调的视觉感受，有变化的版面才会富有灵魂。图 3-11(a) 中的常规主题文字有利于阅读，下面的小字不利于阅读，但是在版面中它存在的目的并不是传递信息，而是用排版来增加画面的风格，起到渲染气氛的作用，避免整个设计风格上显得单调缺少变化，主题文字与正文文字风格类似，字号对比不鲜明。图 3-11(b) 中的主题文字与正文文字对比鲜明，主题文字突出，虽然图中三个字号排列中规中矩，但是大小对比鲜明让版面更有趣。图 3-11(c) 中的主题文字与正文文字无论在字体还是字号上的对比都是很强烈的，尤其是主题文字字体设计非常有个性，配图也非常自由，整个版面主题鲜明，能更加快速抓住眼球。

(a)

(b)

(c)

图 3-11　字号变化

2) 行间距影响阅读

行间距是大段文字排版中行与行之间的距离，它的大小直接影响阅读效果。适当的行间距既可以增加版面的易读性，又能够让版面看起来工整有序。行间距就是版面的留白，让文字之间有了"呼吸"的空间，如果行间距太小，就会让阅读丢失方向，读错的可能性增大；如果行间距太大，势必造成松散，让文字之间失去联系。一般情况下，计算机的默认字间距都偏大，应该适当调小一点。行间距应略大于字间距。中文字行间距应该保持在 0.5～1 个字之间，以 3/4 个字为最佳，才能让"行"的感觉出来。但字间距与行间距不是绝对的，应根据实际情况而定。书籍中大段正文文字行间距要适中，以能够轻松阅读为佳。海报或者网页中的大段文字建议缩小行间距、字间距，以便增加阅读速度，让紧凑的文字排列更有形状感，与主题文字和关键词形成鲜明对比，如图 3-12 所示。

3) 文字对齐方便阅读

对齐原则顾名思义就是将文案信息以某种对齐规则进行排列。对齐确保整体的统一和阅读方便。(请参照前面对齐原则)要想让一段文字看来整齐划一，调整起来是很"吃力"的。计算机的"自动对齐"命令是设置固定数值，而不能考虑到不同字体和字号之间的视觉偏差，尤其是中文字体特别需要对这些视觉偏差进行修正。设计师要具有这种严谨的编排习惯，对每一个元素都要精益求精，对齐最终是为了满足文字造型的需要，要做到分毫不差，才能有完美的作品产生。图 3-13 所示作品的文字排版对齐方式是依据版面中主题造

字　号：14点 行间距：14点	为了使排版设计更好地为版面内容服务，寻求合乎情理的版面视觉语言就显得非常重要，也是满足最佳诉求的体现。构思立意是设计的第一步，也是设计作品中所进行的思维活动。主题明确后，版面构图布局和表现形式等则成为版面设计艺术的核心，也是一个艰难的创作过程。怎样才能使作品达到意新、形美、变化而又统一，并具有审美情趣，这就要取决于设计者的文化涵养。所以，排版设计是对设计者的思想境界、艺术修养、技术知识的全面检验。
字　号：14点 行间距：21点	为了使排版设计更好地为版面内容服务，寻求合乎情理的版面视觉语言就显得非常重要，也是满足最佳诉求的体现。构思立意是设计的第一步，也是设计作品中所进行的思维活动。主题明确后，版面构图布局和表现形式等则成为版面设计艺术的核心，也是一个艰难的创作过程。怎样才能使作品达到意新、形美、变化而又统一，并具有审美情趣，这就要取决于设计者的文化涵养。所以，排版设计是对设计者的思想境界、艺术修养、技术知识的全面检验。
字　号：14点 行间距：36点	为了使排版设计更好地为版面内容服务，寻求合乎情理的版面视觉语言就显得非常重要，也是满足最佳诉求的体现。构思立意是设计的第一步，也是设计作品中所进行的思维活动。主题明确后，版面构图布局和表现形式等则成为版面设计艺术的核心，也是一个艰难的创作过程。怎样才能使作品达到意新、形美、变化而又统一，并具有审美情趣，这就要取决于设计者的文化涵养。所以，排版设计是对设计者的思想境界、艺术修养、技术知识的全面检验。

图 3-12　行间距变化

型的需要，在空白处补充上对齐的文字，整齐的小字与主体自由随性的图形形成鲜明的对比，让自由的形状更自由，整齐的文字更整齐。自由的形状是用来烘托氛围的，整齐的文字方便阅读。在平面设计中无论活泼还是平静的版面，只要信息传递准确，文字的排版就成功一大半，文字的对齐是文字排版中非常重要的一步。

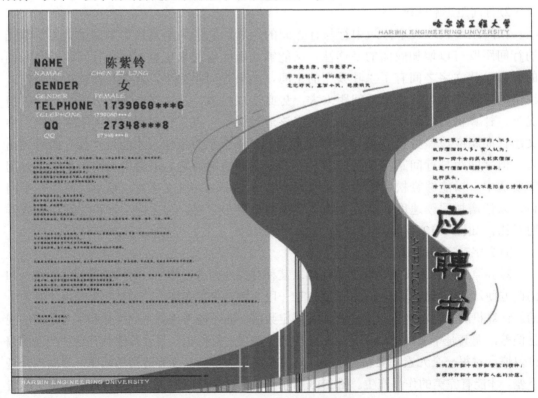

图 3-13　文字对齐

2．内容与形式统一原则

将丰富的内容与多样的形式组织在一个画面中，形式视觉语言必须以内容为出发点，体现内容的深刻含义。首先依据主题提取概括文字，其次文字的造型、配色要与文字表达的内容匹配。同一版面选择2～3种字体可组成最佳视觉效果，字体多了，会显得凌乱而缺乏整体感。字体风格不要带有个人喜好，一定要根据版面传达的内容和气质进行艺术加工，生动概括，突出表现文字内容的精神含义，以其自身的艺术性去吸引和感染读者，增强宣传效果，避免矫揉造作、过分夸张而影响阅读。另外，文字的设计与编排也起到图形的作用，如图3-14所示，按照内容来变化形式能够快速帮助观赏者领会含义，文字造型设计既新奇又合理，在编排中就不会突兀，内容与形式浑然天成。

图 3-14 艺术字体

3．增加艺术性排版技巧

文字编排是很严谨的工作，文字排列组合的好坏直接影响着版面视觉效果。在排版中要考虑文本的趣味性，利用技巧来提升文字在版面中的视觉形象，从而达到符合主题和吸引观赏者的目的。按照视觉美感需要增加文字的质感、动感、颜色感，按照版面造型需要让自然段之间有意识地错开、设置特殊的文本块的摆放角度、颠覆传统的编排习惯等，在设计的领域里，只有敢想敢做，就一定会有出乎意料的收获。

1）缺失型文字编排

缺失型文字编排是指以文字局部造型为主进行编排(图 3-15)，由于人们对文字的熟悉，局部编排并不影响信息的传递，但是缺失的造型却能够形成新奇的视觉感受，给人一种"犹抱琵琶半遮面"的感觉。这种文字既新奇又神秘。在处理文字的时候要注意缺失部分以不影响文字识别为前提，否则缺失就不是艺术手法，反而影响信息传递，这就违背了版式设计的初心。

2）改变文字方向

长久以来人们习惯了从左到右、从上到下的书写顺序，在视觉上已经对这样的排版习以为常，只要在文字编排的方向上稍做调整，就会有全新的视觉体验。在版式设计中，除了信息传递，还要有视觉美感，可以按照构成法则来自由支配文字，要突破文字书写习惯，让文字按照画面中的线条走势或者围绕形状要素来进行编排，如图3-16和图3-17所示。在一个版面内，把文字视为造型元素，依据布局需要配合其他视觉元素的需要来改变文字的方向，这样文字就会与版面其他造型同角度构成，使版面更加统一平衡。

彩图 3-15

图 3-15　缺失型文字

图 3-16　改变文字方向

图 3-17　倾斜文字

3）文字排成图形

以文字作为基本构成元素，按照图形的形状用重复群化（图 3-18）来组合不同的造型以增加视觉趣味性。这种设计构成原理很简单，但是在文字编排上要依据形状结构的需要有疏密、大小、颜色、字体等层次变化，这样视觉效果会更传神。

图 3-18　文字造型

4) 改变笔画结构

在平时的阅读上我们对传统的印刷字体已经非常熟悉了,在基本字体的基础上对笔画、结构进行改变,就会实现文字的再造。在笔画变化中,要注意一定的规律和协调一致,不能变得过分繁杂或形态太多,否则造成笔画不协调,失去字体的完整性,反而使人感到厌烦。结构变化即有意识地把文字的部分笔画进行夸大、缩小,或者移动位置,改变文字的重心(图 3-19),使构图更加紧凑,字形更加别致,达到新颖醒目的效果。

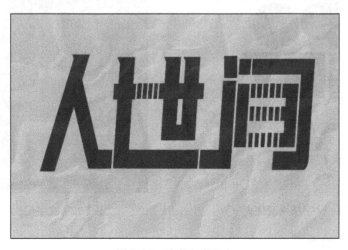

图 3-19　改变文字重心

图 3-20   突出文字以增强视觉感

5）文字成为主角

文字与图形两种视觉元素中，图形要比文字更吸引人。如果在设计中文字寓意深刻，可以人为强化文字的主角地位，让文字占据足够大的空间（图 3-20），成为图形一样富有魅力的造型，用简单直接的文字张力来提升画面的视觉效果，文字为主的排版让文字实现照片的效果。

6）拉开层级结构

一幅作品的版面上有很多文字，如果不采用任何修饰与变化，让文字平均排列，势必造成呆板无趣。增加视觉层级结构是为了突出某些重要的内容，让阅读由主到次依次有序

完成的技巧。通过区分大小层级结构，用户更容易快速找到重要信息，提升版面的易读性。层次的划分要根据主题内容的需求，依靠文字自身的大小、颜色、结构、字体产生客观自然的层级变化，使得文字具备设计情感的节奏和韵律，图 3-21 所示的文字层次变化大，节奏更鲜明，主题更突出。图 3-22 所示的文字层次变化小，整个设计色彩也使用了近似色，这样的层级结构就比较平淡，与图 3-21 比节奏趋于平稳。

图 3-21   文字层次变化大

图 3-22   文字层次变化小

7）用小字烘托氛围

在平面作品中文字的使用都比较注重易读性，因此很多人认为版面中的文字必须

是可阅读的文字。好的设计方案需要一些辅助的文字，这些文字占据画面很小的比例，它们在字号、颜色、空间上都处于弱势，但是却能很好地融入画面中（图 3-23）。正因为有这些小字的存在，才能够凸显其他文字，辅助小字的目的并不是阅读，而是烘托画面氛围。

　　不管是何种趣味性的效果，切记不要为了美化和造型的需要影响文字的易读性，否则，作为视觉元素，文字的传播作用就失去意义，仅仅作为造型功能，图形要比文字更具有优势。不要图一时之快而破坏整个版面，造成杂乱无章的结果。

3.3.2　图形

　　版式另一个基本视觉元素是图形，图形以独特的想象力、创造力及超现实的自由构造，在排版设计中展示着独特的视觉魅力。俗话说得好：

图 3-23　烘托氛围的小字

“一图胜千字”，图形能够超越语言、地域、民族、文化诸多差异，成为无障碍沟通的最好手段。

1. 图形风格

　　版式设计中的图形可分为写实性、抽象性、写意性图形。图形风格需要根据主题、表现手法和受众的心理来进行选择。由于图形视觉注目价值高，因此图形的风格会直接影响整个版式的风格。

　　1）写实性图形

　　写实性图形最大的特点在于其真实地反映自然形态的美。人物（图 3-24）、动物、植物或自然环境以写实性与装饰性相结合手法，令人产生具体清晰、亲切生动和浅显易懂的视觉感受。写实性图形是平面中最为朴实的表现手法，也是人们最为信赖、安全的图形风格。一般在老人和儿童、政治、新闻题材上的使用比较多，一些需要以真实形象呈现的题材必须使用写实性图形，如奢侈品、汽车、手机、食品等。为了增加观赏性，可以借助素描、水彩、剪纸、摄影特效来提高写实性图形的视觉效果。

　　图 3-25 所示作品是儿童反家庭暴力宣传海报。这种色块化儿童图形是属于写实的，孩子对世界的认知是非常直接、单纯的，写实性图形可以帮助儿童建立对世界的正确认知，用形象的图形让儿童与真实世界产生一种必然联系，进而产生亲切感，很容易在心理上获得信任感。在设计中太过注重图形的写实性会让设计失去美感，过于写实的图形在视觉上会影响视觉新奇感。这幅作品在图形真实性与艺术性上做了很好的处理，保留图形的形状的写实性，并且在表现手法上是新鲜、有趣的。男孩子的眼睛周围的紫色处理和脸部凹凸的效果恰到好处，既表达了主题，让儿童感受伤害性，又并不会让画面太过暴力，让儿童形成恐惧感。

彩图 3-24

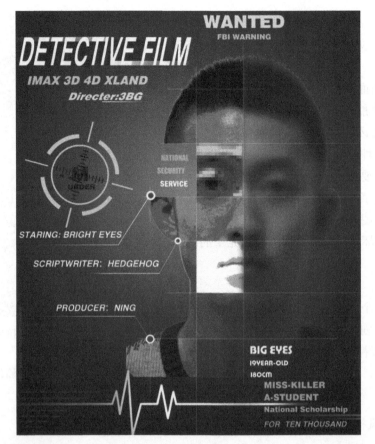

图 3-24　写实性图形

彩图 3-25

图 3-25　拒绝暴力

2）抽象性图形

抽象性图形以简洁单纯而又鲜明的特征为主要特色。它由点、线、面等几何图形来构成，注重心理感受的概括与提炼。"言有尽而意无穷"就是打破了具象形式语言并营造更高的审美意境，让读者借助想象力去填补、联想、体味。这种简洁精美的图形为现代人们所喜闻乐见，构成的版面由于没有在思维上定式，给人以新鲜、灵妙之感，一般艺术类、科技类和情感类题材会使用抽象性图形。设计上的抽象与绘画上的抽象还不完全一样，因为绘画是不需要考虑其他人的感受，设计是给别人看的，因此设计上的抽象一般会利用点、线、面、色构成作品（图 3-26）去营造一种适合主题表现和内心的感受的画面。如果像绘画那样去处理抽象思维，势必会造成沟通上的障碍，导致信息传播功能失效。

3）写意性图形

写意性图形强调创造性想象，即不依据现成的表象，在大脑里独立地创造出事物的新形象。写意性图形不追求事物的逼真性，表现介于似与不似之间，既包含了物象的特征与生命状态，又表现了设计者的情感与意念。把意境表达放在第一位，比较重视主观的感受，具有高雅的美学意境。文学类、艺术类题材会使用写意性图形，能够让视觉传达和情感表达得到充分的体现。图 3-27 采用了写意性手法，对图形高度提炼、概括，突出主题事物的个性和意蕴，观赏者在熟悉又不熟悉的写意化形象刺激下，撞击感性经验中的"记忆残片"，一同参与图形的创造与想象，从而产生美好的意境。

图 3-26　抽象性图形

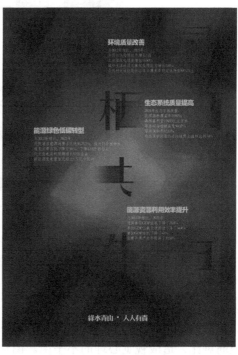

图 3-27　写意性图形

彩图 3-26

彩图 3-27

2. 图形排版形式

1) 满版型

满版型 (图 3-28) 一般指图形平铺占满版面, 给人大方、舒展的感觉。这种版式通过大面积的图形元素来传达最为直观和强烈的视觉效果, 使画面丰富且具有极强的带入感。当制作的图形中有极为明确的主体, 且文案较少时可以采用满版型排版。满版型图形必须有很强的视觉捕捉力, 否则大面积的图形会直接影响整幅作品的风格。出血图是很特别的满版图, 出血线是进行成品裁剪时的参照线, 其目的是解决由裁剪不精准造成的印刷品边缘出现的非预想颜色的问题。出血图充满整个版面, 不需边框, 此形式打破版心束缚, 自由奔放、舒展, 具有很强的视觉冲击力。

彩图 3-28

图 3-28 满版型

2) 半版型

半版型指图形占版面的一半, 版面的另一半用文字或留白占据。这类排版图文互不干扰, 让信息传递更加丰富。不同位置的图形造成的视觉心理是不同的。图处于上方 (图 3-29), 视觉中心地位显著, 给观赏者一种悬浮、上升的视觉感受。图处于下方 (图 3-30), 给人稳固、扎实的视觉感觉, 一般是严肃、庄重的主题中比较常见的形式。左右两部分图文会形成强弱对比, 造成视觉心理的不平衡。图在左侧 (图 3-31), 比较符合常规的视觉规律, 使画面表现出轻松、舒展的视觉效果。图在右侧 (图 3-32), 会给人局促、紧张的视觉感受, 通过颠覆阅读习惯, 带给观赏者奇特的视觉感受。一般书籍的排版中, 单页码的图比较喜欢放在右侧, 因为书籍右侧的纸张可以翻动, 图放在右侧更能产生视觉平衡感。

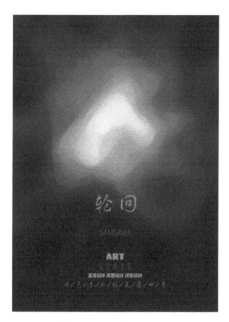

图 3-29　上图下文

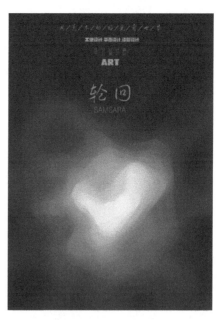

图 3-30　上文下图

图 3-31　左图右文

图 3-32　右图左文

3) 跨版型

跨版型(图 3-33)指一个图形占据两个版面,这种排版既可以凸显主题,又可以将两个版面自然关联起来。

4) 多图型

多图型(图 3-34)是指有两个以上的图形的版面,图形的数量能营造不同的视觉氛围和心理影响力。版面的格局显得丰富活泼,画面更有节奏感。使用多图型排版就要借助平面构成中的视觉平衡性原理来增加画面均衡性和协调性。

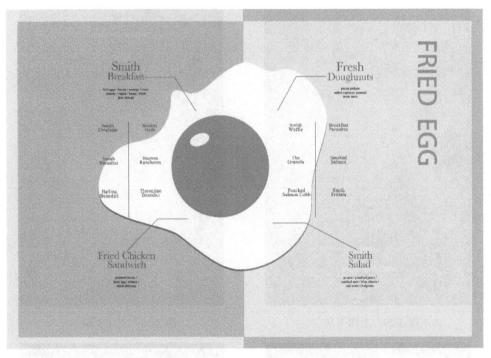

图 3-33 跨版型

彩图 3-34

图 3-34 多图型

5) 并置型

并置型(图 3-35)指多个图形做相同大小的重复排列,并置构成图形比例均等,使版面显得有秩序,具有安静、调和的节奏感。

6) 拼图型

拼图型(图 3-36)指多个图形按照一个形状拼贴,用多个图形来增加冲击力,用一个形状来约束图形,让画面更有秩序美和整体性。

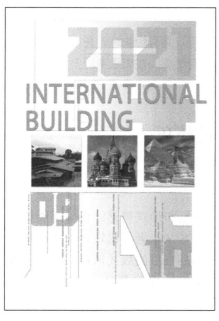

图 3-35　并置型

图 3-36　拼图型

7）倾斜型

倾斜型（图 3-37）是图形按照倾斜路线编排，造成版面强烈的动感，用不稳定性的视觉感受来增加画面的视觉注目价值。

图 3-37　倾斜型

彩图 3-37

8）自由型

自由型指无规则的、随意的排版形式，风格偏向活泼，具有轻快感。在这种排版中，图形与其他视觉元素搭配更好协调，更能体现个人风格和画面气质，在表达主题上更自由，表现空间大。

3.4 版式设计的技巧

3.4.1 设计要定位准确

版式设计有千万种风格，并不是所有符合版式原则和形式美感的作品都能够百分之百被接受。不同的市场和受众对版式风格的喜好差别很大。老人比较喜欢传统稳定的版式风格，年轻人喜欢活泼、艺术、简约、感性（图 3-38（a））的版式风格。政府、政治严肃的话题喜欢庄重、大气、视觉均衡的版式风格。娱乐、文艺等休闲类话题喜欢跳跃、灵活、创意（图 3-38（b））的版式风格。因此学习设计版式的第一步是要牢记围绕市场定位和主题风格来思考版式风格。

(a) 简约感性型   (b) 灵活创意型

图 3-38 版式风格

3.4.2 艺术要高于生活

加强版面的艺术表达就是能够让受众产生新奇感、获得美的感受，让设计作品在大众视线留下深刻印象。艺术是被戏剧化、美化的生活。如果艺术与生活没有区别，那么生活要远远比艺术更容易捕捉。生活之所以不能替代艺术，最主要的原因是艺术带给生活的"真"与凌驾在"真"之上的情绪的释放。图 3-39 把真实的金字塔图像与绘制的三角形图形相结合，营造一种生活与艺术的戏剧化冲撞。大多数设计都会使用真实的影像，它是现实生活

彩图 3-39

图 3-39　图像与图形相结合

最直接的投射,在设计应用上通过熟悉的信息唤起观赏者对某一主题和事物的一系列联想,让主题能够更好地展开,绘制图形是对图像的一种提取概括,在风格和新奇角度上有更多优势,能够凸显作品的个性,制造有关联性的意外效果,给普通的图像带来趣味性和艺术性,这也是在生活"真"的基础上的一种情绪的释放和喜好表达。图 3-40 是

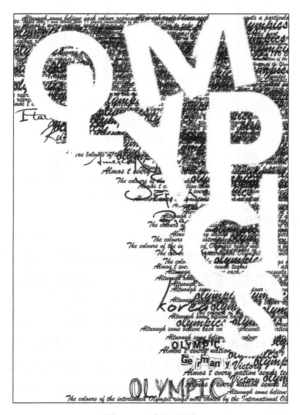

图 3-40　字母创意

用字母与重复群化的构成形式设计的新的图形，文字元素传递信息是最直接的，具有很高的认知度，通过重复群化的构成形式组成一个随意图形，让传统的事物通过构成形式形成新奇的视觉效果，让普通的元素通过艺术技巧实现变装，这就是艺术比生活更吸引人的地方。

3.4.3　借助点、线、面点缀

排版时经常会碰到信息并不是很多，也没有合适的图像诠释主题，版面显得单调和平淡的情况，使用点、线、面(图 3-41)来丰富画面，增加趣味性、设计感。点、线、面看似没有实质的内容，但借助平面构成原理会影响观赏者的心理变化。点具有强调作用。线具有引导、分割、限制作用。面会让信息图形化，使其看起来更清晰，更方便受众阅读，同时还可以起到规整的作用，使版面不至于太凌乱。不同位置的点、线、面根据造型需要对文字和图形进行装饰，让视觉元素更加灵活、有新意，让视觉更加有美感。虽然三幅图中的点、线、面并没有实质内容，但是这种几何构成形式特别有现代设计感，增加画面的视觉注目价值。

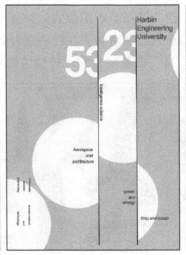

图 3-41　点、线、面点缀

3.4.4　发挥英文排版优势

英文由于字体结构的优势在排版的自由性和灵活性方面要优于汉字。汉字结构复杂，占空间不均等，要么太过饱满，要么留白太多，这给排版设计带来很大的挑战。英文就是 26 个字母反复组合，单词句子比较和谐，有利于阅读。英文字母线条比较流畅，弧线多，所以画面更容易产生动感。英文的整体编排容易成段、成篇，视觉效果自由活泼，有不连续的线条感，容易产生节奏感和韵律感。英文造型倾向于符号化，它以图形方式更容易与其他视觉元素配合。全英文排版(图 3-42)可以最大限度地散发文字的魅力，利用排版的技巧让版面更具有美感，这种设计从操作上看似简单，但是为了避免文字的单调、枯燥，需要有很好的创意和平面设计基础知识支撑。

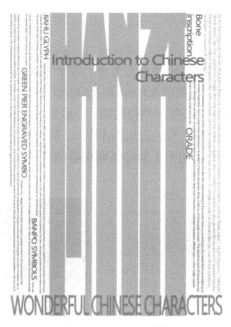

图 3-42　全英文排版

3.4.5　突破约束排版

突破约束就是排版方式不受局限跨越版面的设计。这种排版是对传统视觉经验的挑战，是现代排版比较喜欢的形式。突破约束的设计可以给观赏者全新的视觉体验，在很多图片中总是隐藏着另外的世界，将精彩的局部在版面内放大，产生强烈的视觉效果。超越版面的部分，虽然看不到它的面貌，但是人们可以凭借想象自我补充，这样留有想象空间的设计形式给观赏者很大的自由度，也让版式设计出现无限种可能，这无异于版式的二次创作。这种观赏者有参与度的设计属于上乘设计。在排版中常见的突破约束是文字出血设计（图 3-43），这个突破性的设计让版面更有艺术感，文字在超越版面的同时不要破坏文字的易读性原则。

图 3-43　文字出血设计

3.4.6　调整版面距离

版式中的距离决定了阅读的体验和视觉美感。各个元素之间亲密度(如字与字的间距、行与行的间距、版心与页边距(参照前面的知识)的关系)会直接影响画面气质。版心的面积大小决定了页边距大小,也决定了版面的得版率。一般来说,如图 3-44 所示,版面率越大,视觉张力就越大,版面会更热闹;反之,版面率越小(图 3-45),给人的感觉就越典雅与宁静,版面也会更有格调。版面率的大小能够影响版面的气质,所以实际设计中也要根据作品的气质分配合适的版面率。

图 3-44　距离密集图

图 3-45　页边距大

3.4.7　注意留白与虚实

在版式设计中要做到"实而不闷,虚中有物"。"实"是字体、图形、色块等,"虚"是空白,也可以是弱化的文字和图形。"留白"在版式中并不是没有内容,其作用是平衡画面的节奏,不让画面编排太满使人目不暇接、眼花缭乱。留白在版面中是一种意境深远的艺术语言、构图手法,具有很大的想象空间。可以将"留白"看成一个虚实问题,虽然是虚空元素,却在艺术中传达出灵动的意境美。首先利用留白让页面简约整洁,让眼睛休息、放空然后关注更重要的内容,这是引导视线的关注点,制造出视觉"气韵流动"。其次利用留白的"灵性"让观赏者不再在阅读中独自吸收,而是走入设计者精神的世界与其进行心灵的对话,通过渲染的氛围感受"润物无声"的境界。

图 3-46 所示主题文字周围大面积的留白是为了突出重点,让视觉更加集中于表达的重心。图 3-47 所示的苹果校园招聘海报,上半部分多彩重叠的苹果边缘是为了突出主题,熟悉苹果视觉元素的人一眼就能看到这种专属于苹果的造型和构成形式,画面中有 2/3 的留

白，这部分是苹果的主体，留白并不是空无一物，相反它有无限可能。借助招聘的主体信息引导，这 2/3 的留白让观赏者联想到那些即将加入苹果公司的优秀者。此留白可以让海报上下简约的图形、文字更加突出，传统的海报中大量信息图形的堆砌会给产生视觉疲劳，信息与图形之间会互相消解，留白设计是利用巧妙的空白图形和文案的创意，给人无限联想与启发，达到"此处无声胜有声"的艺术效果，这类排版在现代设计中越来越受欢迎。

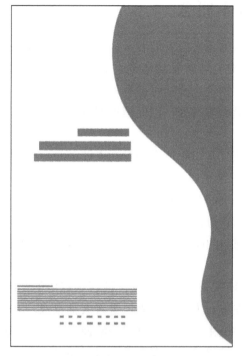

图 3-46 主题留白

图 3-47 苹果校园招聘海报

第4章 海报设计

4.1 海报的基本概念

海报是一种媒体广告，是以图片、文字、色彩等元素向人们展示宣传信息的艺术。海报张贴于公共场所，可引起人们注意，引导大众参与各种社会活动。海报的英文名字叫Poster，牛津词典里指的是展示于公众场所的告示。据说在清朝时期有外国人以海船载外国货在我国沿海码头停泊，并将Poster张贴于码头沿街醒目处，以促销外国货，沿海市民称这种Poster为海报。

中国最早的印刷海报出现于11世纪的北宋时期，是山东济南刘家功夫针铺的一个印刷广告(图4-1)，画面图文结合，通过雕刻铜板印刷工艺完成，既可以做宣传单，又可以做包装纸，已经具备了商业美术的基本功能。该印刷品中间为商标，是白兔捣药图，两边写着"认门前白兔儿为记"，下部是说明产品质地和销售办法的广告文字，根据考证这是世上最早的印刷广告，比英国印刷家威廉•卡克斯顿创制的印刷海报早400年，这个海报现存于上海博物馆。

现藏故宫博物院的绢画《眼药酸》(图4-2)是南宋杂剧《眼药酸》的海报宣传单设计。画中右方一人用手指着自己右眼，示意有眼病；左方一人头戴高帽，身着大袖宽袍，衣帽上画有眼睛图案，背着带眼睛图案的布袋，扮眼科医生形象，手拿眼药酸伸向对方。这幅海报是为了宣传杂剧《眼药酸》而画的，由此可见纯粹的广告画在南宋时期即已成熟。这幅画形象生动，用"眼药酸广告"来讥讽卖假货的商人，一时大受百姓欢迎，用来推销药品简单而形象。

图4-1 刘家功夫针铺宣传海报

图4-2 《眼药酸》宣传海报

到了明朝时期，海报招贴发展到了杂货店的水果、茶食、礼品纸，印有精美的图画和文字。进入 19 世纪清朝末期，上海出现一种称为月份牌的海报招贴(图 4-3)。画面上除了印有广告外，还印有商号和全年的月份年历，成为过节馈赠客户的礼品。月份牌海报招贴一度在中国广告历史上占有非常重要的位置，成为最受欢迎的广告形式。

经过辛亥革命以后，海报招贴进入报纸、杂志、书籍、路牌、交通工具等广告媒介(图 4-4)。到了抗日战争和解放战争时期，海报招贴的内容主要围绕战争及其相关题材进行展开，受中国局势影响，海报招贴进入低迷时期。到了 20 世纪 50～70 年代，文化艺术事业得到发展，宣传商品的商业广告逐渐衰退，取而代之的是以宣传画和年画为主的发展路线。直到 1982 年，中国第一届全国广告装潢设计展览在北京拉开序幕，展览历时一

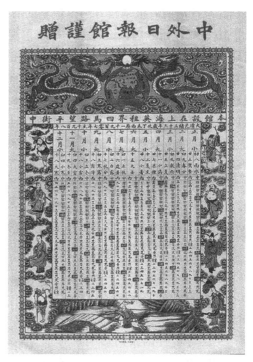

图 4-3　月份牌宣传海报

年，观众达 12 万人次，评出优秀广告和招贴画 38 件，使一度沉寂的商业广告重新得到社会的重视。

(a)

(b)

图 4-4　中国早期的海报

西方国家最早的海报招贴是在公元前 3000 年，两河流域的苏美尔人将内容为缉拿逃脱奴隶的布告写在一张莎草纸上，但是画面上海报招贴的元素较少，还不能算作真正意义上的海报。13 世纪，中国的木板印刷技术被引入西方国家，英国第一印刷家威廉·卡克斯顿首先采用印刷技术制成招贴，并将这种招贴沿伦敦大街和教堂门口张贴，向牧师兜售复活节用的教规书籍，从此印刷招贴在西方国家大为流行。威廉·卡克斯顿制作的推广索尔兹

伯利温泉疗法的海报是西方国家最早的海报。

16 世纪，西方国家设计师开始注重观念的表达，表现手法近乎超现实主义，由于社会对印刷设计有大量需求，欧洲许多国家相继建立了印刷图形中心，图文印刷设计在欧洲得到普及和提高。17 世纪，巴洛克风格流行于欧洲，在形、色、质及细部刻画上极为精细，具有热情、奔放、奇特和豪华的特征。18 世纪，在图形和文字设计领域中，先后出现了法国的罗可可风格和意大利的现代风格。前者强调装饰设计的贵族风格，后者注重几何空间的设计，强调对比统一。这一时期的文字研究也有了突破性进展，创造了许多适合招贴印刷的字体。随着科学技术的发展，出现了数学、天文、物理、化学、生物、地理等新科学的符号系统，为现代招贴的设计注入了新的视觉元素。19 世纪，产业革命的发明创造对海报招贴的发展起到了很大的推动作用，英国的造纸机和高速印刷机的出现、印刷尺寸的改观让招贴广告有了质的飞跃。1830 年，英国画家夏普研制出分色套印的彩色石版画。1835 年，英国画家塔尔博特制作了显微照片。1836 年，法国涅普斯制出第一幅摄影图像，摄影技术的发明与发展开启了海报招贴设计新的进程。19 世纪中后期，海报招贴成为欧洲主要的广告形式。

20 世纪上半叶，海报基本沿着 19 世纪的海报设计路线发展，但是受到政治、经济、社会等多种因素的影响，海报呈现出新的面貌，从某种意义上来讲，20 世纪是政治宣传的世纪，海报作为当时的宣传途径也达到了顶峰。包豪斯设计学院使现代海报设计走上了一条正确的道路。赫伯特·拜尔是包豪斯海报设计大师，他倡导了海报的功能主义和结构主义，这促进了海报设计艺术水平的提高。在第二次世界大战后，海报在社会生活中无处不在，进入 60 年代，彩色照相制版技术让海报设计视觉效果有了长足进步，海报成为喜闻乐见的宣传手段。进入 80 年代后，电子制版技术和计算机设计给设计带来更好的创意发展空间，图像、文字、色彩得以丰富的呈现，海报以更加灵活、艺术的方式感染着大家，文化海报和商业海报极大地满足了社会发展的需要，自此，海报与新型媒介和现代技术融合创造一次又一次的辉煌，成为艺术、文化、政治、商业宣传的首选。

4.2　海报招贴的基本视觉元素

视觉语言是利用图画中的视觉元素进行视觉交流的语言形式，旨在利用视觉元素对图画寓意和主旨进行更直观、更直接的信息传达。海报招贴主要以图形、文字、色彩等视觉元素进行信息传达。

4.2.1　图形符号

霍尔戈·马蒂斯说过：一幅好的招贴，应该靠图形说话，而不是靠文字注释。海报设计中的图形职能是以形象作用于人的视觉，由视觉获得感受并激发人的心理反应来实现信息传递的过程。调查表明，图形对视觉的刺激作用远远高于文字，人们对图形和文字的注意力分别是 78%、22%。图形既可以直观逼真地表现信息内容，也可以巧妙灵活地传达难以言表的信息。社会已进入读图时代，图形在传达信息的过程中造型简练、情景易读易懂、形象生动突出、过目不忘、拉近主客距离、注重情感交流，做到传播功能与审美功能的有机结合，相得益彰。

1．海报图形的特点

1）图形的创造性

海报图形是通过人们的创造活动而呈现的。每一种图形，无论历史悠久的传统图形图案，还是现代新锐的视觉形象；无论简单的原始图形，还是精致的各类插画，都是由人类有目的地创造和绘制出来的。图形在海报招贴中是加强人们对设计概念的认知，为表达某种意念而精心加工衍化，并融入一定思想性信息的视觉元素。它已经脱离了图像的初始现状，具备了一定人为的创造性。图形的创造性是为传递信息服务的，是为了刺激与引起注意而进行的改变创造，人们对信息的新奇感和趣味性具有较高的关注心理，这就决定了海报图形创造性的基本功能。使用的图形要具有明显的倾向性，原始图形在文化、地域、个人情感、设计风格等因素的影响下变形、改造。这种创造性要有别出心裁、耳目一新的感觉，让普通的图形具有社会价值、审美价值等。图 4-5 选择了中国风的创意，在图形和色彩中都突出了中国韵味，用传统的人物、海浪、山水、大鱼图形进行重组再造，这种图形重组的创意增添了设计趣味性，这种创意在中国的环境中起到了心领神会的作用。

彩图 4-5

图 4-5 创造性图形

2）图形的功能性

信息是图形的实质内容，脱离信息的传达，必然导致空洞。选择的图形必须具备丰富的内涵，具有信息承载、传递的功能。图形自身具有形态、质量、色彩、排列组合等特征，每一种特征都承载相应的信息，每一种图形的应用都具有目的性和功能性。图形的功能性除了信息传达，还有装饰情感、美化视觉，让人的心理产生舒适愉悦的感觉。同样是植物，图 4-6(a)的图形在形态、质量、色彩上都充分体现了功能性特点。但是由于没有主题，信息传达只是对图形的直接表达却没有目的性。图 4-6(b)是无印良品海报图形，无印良品的核心理念是回归到事物的本源，倡导人们过简约、朴素、舒适的生活。这个图形是无印良品天然、低调极简主义最好的体现。

(a)

(b)

图 4-6   功能性图形

3) 图形的社会性

社会性通常是指运用视觉符号或者形象产生共同的社会认知。人们对某一种图形有着类似或者相同的看法与理解。每一个民族都有自身发展的历史，每一个区域都有自身的风俗习惯，同样的文化、地域环境下，人们对很多事物与现象存在着相同的认知。图形针对区域或民族而进行设计传播，因此表现出社会性的特点。中国的代表性符号有图腾龙、大熊猫、旗袍、长城、京剧脸谱等，这是中华民族文化在历史长河中建立的一种稳定的默契感。图 4-7 所示为中国风海报，体现图形的社会性，门神让中国人看着亲切，让外国人能感受到中国特点。门神作为中国民间守卫门户的神灵，人们常常将其贴于门上，用以驱邪避鬼、保平安、卫家宅。将这个图形用于网络安全的海报会让很多中国人快速抓住主题，用门神来喻示把网络中的不安全因素抵御在外，保护大家的财产、信息安全。设计中图形

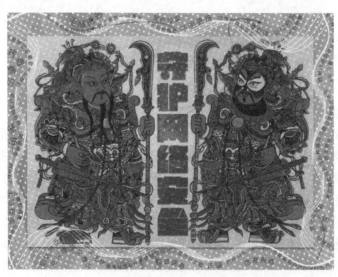

图 4-7   中国风海报

的使用首先应该扎根在社会背景下提取最具代表性的一些元素进行延伸，例如，西方国家的万圣节起源于与邪恶幽灵相关的庆祝活动，所以骑着扫帚的女巫、幽灵、小妖精和骷髅、南瓜都是万圣节的标志。由于万圣节都是夜晚举行的，所以黑色被认为是万圣节专属色，蝙蝠、猫头鹰和其他夜间活动的动物也是万圣节的标志。依据社会背景设计的图形即便是简单的图形也会表现出深刻内涵，这就是图形创意的魅力。

4）图形的个体性

图形的个体性是指每个个体图形都具有独立性，并强调着各自的独特性。同样的图形通过不同的形式和媒介呈现出来的效果是不同的，不同的文化背景下，同样的图形具有很大的差异，不同技术与手段创造出的图形风格迥异，不同的设计者有不同的风格流派，这些都是图形个体性明显的表现。图 4-8 所示为地平线视觉设计工作室的成果展海报，虽然由简单的文字和图形构成，但是设计构思出发点与实际生活经验的概念加以转变，产生各自对应的映像。造型、配色、表现手法不同，就会出现效果迥异的作品。图 4-8（a）设计者注重营造氛围，构思出发点在于一种地平线的氛围感的营造。图 4-8（b）由黑白色块与文字构成，文字、黑白色块都是常见的图形元素，但是两者根据主题组合形成一种全新的视觉效果，这就需要设计者在组合中找到新奇的看点和趣味性。近些年，黑白色块在海报中的应用比较常见，看似简单，却对审美有极高的要求。

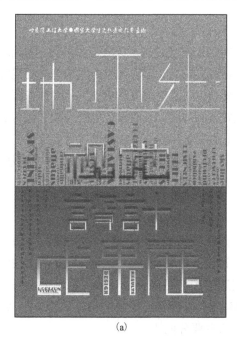

(a)　　　　　　　　　　　　　(b)

图 4-8　地平线视觉设计工作室成果展海报

5）图形的时代性

时代性是指符号与图形的应用及表现具有时代赋予的审美和偏好。相同时代的人们对某种事物具有共同的认知，不同时代的审美和喜好有很大差异。设计的本质是为人服务的，与时俱进，跟随时代的变化而变化是图形设计中的必备要素。所以在欣赏不同的图形时，透过它能够感受那个时代独有的审美特征，因此图形鉴赏是要放在特定时期来进行的，脱离那个时代很多图形的光环就会减弱。脱离时代图形就会失去它独有的审美趣味。

2．图形遵循的基本原则

在海报设计中图形作为主要信息媒介和最无声通用的视觉语言，它的价值在于向观赏者传递某种信息、阐述某种观点。图形相比文字在传递信息上的局限性要小，全球性发展让图形取代文字成为沟通交流最有效的手段。

1）符合主题

图形在海报中总是以其美观性吸引观赏者的视线，因此有些设计者就会注重图形的视觉效果，甚至为了追求新奇独特让图形脱离主题成为装饰性元素。这种做法在当今社会并不可取，因为图形如果没有了信息传达的功能就失去其存在的价值。

2）强化创意

海报设计中要加强图形的表情达意的功能，增强图形对主题诠释功能，高效传递信息，不要或者尽量少用文字补充说明。图形借助独特、新颖的形状引人关注，并使人产生兴趣，让人们在关注的同时思考、联想，进而获得关于主题的信息。信息的传递并不是直白输出的方式，而是经过思考、消化、获取，印象会更深刻，信息留在记忆中更持久。加强图形创意会让观赏者在视觉和思想上得到双重提升。

3）突出时代特征

海报设计是有年代制约的，过去年代成功的海报在当今时代使用会失去艺术魅力。因此海报中的图形选择也要注意时代特征。在当今这个数字化视觉时代，图形符号由原来单一的视觉语言向视觉、听觉、触觉多重感官交互过渡。图形与受众也进入时时互动的时代，因此在图形使用上应该注重视觉、听觉刺激，让受众有一个沉浸式视听体验。平面设计也因为数字技术的加入涌现了很多新的风格，例如，为了延长移动设备电池续航和提高响应速度在智能媒体上流行的扁平化风格，通过视觉上去除三维效果和过渡细节，呈现出一种用几何图形和色块构成的简洁画面，给人直观纯粹的体验，让用户使用起来增加速度和流畅性。

3．图形创意方法

海报设计中如果能够按照主题需要进行图形创作，就为设计解决了素材局限的难题。掌握了图形创意方法就像拥有神笔马良的笔一样，让设计更加自由。图形创意就是要按照主题需要将现实图形转化为视觉信息符号，这种创造的图形是人为设计的。图形创意是海报的核心和灵魂，以图形为造型元素进行有意识的延展，以便获得更易于接受的视觉形式，为观赏者提供新奇而独特的视觉感受。图形创意方法主要分两步。

1）简化图形

简化就是把基础图形进行提取概括，然后留住特征元素，删除一些可有可无的元素，让图形特征更直观，增加辨识度。在简化过程中要保留事物的种类、属性信息，然后对这些信息重新进行排列组合，将某些特征夸张，让属性更加鲜明，增加辨识度。为了让信息传递更准确，在事物的自身特征上可以添加附加特征和状态特征。猫自身的特征包括纹理、耳朵、胡须、脸型、颜色(图 4-9)，如果按照原始素材模拟还原，虽然形象生动，但是缺少新意。如果提取猫的特征(耳朵、胡须)，辅助猫的文字(附加特征)，再按照行走的猫(状态特征)组合造型，就会让新创作的猫图形更有新意，它既保持了辨识度，又具有延展性。

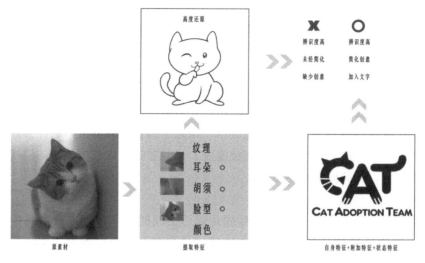

图 4-9　简化构思

2) 衍生表现

在第一步的基础上把概括出来的图形进行艺术化处理，让事物富有情绪和性格的特征。为图形寻找一个风格，增加其艺术感，如现在非常流行的扁平化风格、复古风格、故障风格、像素风格等。最后在衍生表现上为了增加图形创意的个性化，对设计构成进行陌生化处理，就是要区别常规状态以寻求一种新的视觉体验，如改变元素的比例、把大小置换、改变元素形状、局部群化处理、改变颜色、拟人化处理等，图 4-10 所示为猫的不同风格表达。

图 4-10　猫的不同风格表达

4.2.2　文字符号

文字是表达意念最直接的语言。文字在海报招贴中具有记录信息、表达观念、文化塑造的功能。海报文字抓住注意力，在视觉传递中起引导解读信息的作用。

1．整体风格统一

海报设计中的文字要遵循风格统一的原则，就是要让海报中的各种字体风格都为主题服务，以主题为中心去寻求微妙的变化，这样才能做到既多变又统一，既灵活又协调。如果海报中的文字不考虑整体需求，一味追求其独特性，势必造成整个版面的混乱，从而影响整体的美感。

2．注重排版层次

海报中的文字主要分三大类：主要信息、次要信息、辅助信息。控制好这三类信息的关系就能控制好海报排版的调性。在信息展示中切忌平铺直叙的方式，这样会让观赏者第一时间抓不到重点，无法保证准确性与阅读速度。只需要拉开这三类信息的层次，在排版上注重艺术感便可以提高信息传递功能。

1）简明扼要主要信息

主要信息包括主标题和次标题。主标题是表达主题的短句，应该放在醒目的位置，造型要符合主题的风格，能够辅助主题的理解，具有图形的视觉效果，表达上要言简意赅，增加阅读速度。大多数海报中，标题文字至少要比正文多五倍的阅读效率（图 4-11），如果标题文字不能够畅所欲言，就相当于浪费了 80%的广告费。主标题要简洁、明确、易懂。副标题相比主标题要略弱一点，但是在版面中也是非常重要的自称部分，它在主标题的基础上进一步揭示本质。副标题并不是海报的必备元素，但是有了副标题，信息传递更有层次感。平均排列（图 4-12）缺少变化，在阅读上无法快速抓到表达重点。排版层次分明（图 4-13），通过文字大小来依次阅读，在设计上就能依照设计者的需要次序来获取信息。

彩图 4-11

图 4-11　突出主标题

2）辅助文字强化造型

正文文字又称为说明文字，是对标题和主题的展开，为观赏者提供细致可靠的信息。正文文字本身不需要特殊的造型，一般采用标准字体或者可识别的印刷体。但是整体造型对海报的设计至关重要，因此正文文字把设计重点放在排版上。正文文字依照形状排列，具有图片作用（图 4-14），密集文字既增加层次感，又通过图形属性强化主题，实现信息传递和审美传达双重效果。

图 4-12　平均排列文字

彩图 4-13

图 4-13　对比大的文字

3．文字的造型

文字本身也是一独特的图形符号，具有良好的视觉传达效果。文字造型分为印刷体、美术体、书法字体。印刷体指类似汉字中的黑体、宋体、楷体和英文中的古罗马体与新罗马体等方便识别，造型比较规矩、周正的字体。这类字体的优点就是方便识别。美术体是经过变形、装饰，造型灵活的字体，这类字体的优点在于有独特的形式美吸引和感染观赏者。书法字体是海报设计当中比较有趣的元素，不规整会给人一种趣味无限的感觉，是中国独有的文字造型，不同的书写者形成不同的外观，优点是把中国汉字的造型发挥得淋漓尽致，在笔画上灵活多变，文字图形化特征鲜明，是中国文化背景下非常受欢迎的一种视觉传达形式。图 4-15 所示的《智能时代》海报中，文字造型以像素形式表现。像素是数码影像放大 N 倍后出现的方格块形式。由于像素是数码时代的产物，在数码科技海报中，像素化处理的图形和文字很受欢迎，在易识别的同时，体现科技感和智能感。

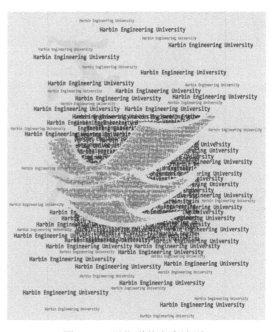

彩图 4-14

图 4-14　强化群体文字造型

图 4-15　有造型的文字

　　在中国，书法字体在海报中的应用非常受欢迎。因为书法字体造型非常有韵味，可以增加海报的氛围感。书法字体(图 4-16)对于表现画面气质有很强的适应性，大气磅礴，可以带给主题强大的生命力。书法字体在书写中会传达不同的气质，不同的人书写便会形成不同的韵味，可豪迈奔放，也可优雅灵秀。在设计中应用书法字体，通过笔墨浓淡、力道轻重缓急、书写抑扬顿挫便具有了天然的艺术化效果，它既具备可辨识性，又具有观赏价值。人们可以根据字体行云流水的变化展开联想，想象中国艺术强大的气势。

图 4-16　书法字体海报

4．字体设计技巧

1）改变结构法

打破字体原有结构(图 4-17)，使用拉长(图 4-18)、变短、变圆、上短下长、上长下短这些基本方法让文字形成新的结构。

图 4-17 改变结构

图 4-18 拉长结构

2）改变笔画法

以标准字体为基础，依据主题内容改变笔画，让造型显现出与内容相关特点，如笔画端点或者转角、笔画粗细的比例、字画局部设计突然的造型，如图 4-19、图 4-20 所示。

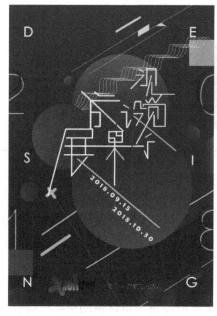

图 4-19 改变笔画

图 4-20 笔画图形化

图 4-21　夸张边角

3）夸张边角法

一些规整的字体可以把文字边角进行夸张变形（图 4-21），这样让规整、方正的字体更富有个性。一般这些边角需要根据主题和造型进行变形，夸张的边角不仅能为造型排版添砖加瓦，更能协助文字凸显主题。

4）局部替换法

在整体形态的文字元素中加入与笔画格格不入的图形元素或"不和谐"元素，用象征或者象形的手法将某一笔画改变（图 4-22），其创意是用形象的图形引导人们对字体含义展开丰富的联想，替换的图形或夸张或逼真，是文字内涵的张扬表现，在感官上更能触动观赏者的神经，具有别样的艺术感染力。

5）断开缺失法

把文字笔画断开或者局部删除，如图 4-23 所示，利用断开缺失法产生新意。

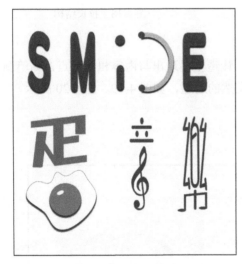

图 4-22　局部替换

图 4-23　断开缺失

6）笔画连接法

文字中很多笔画都是一样的，为了增加文字的整体效果，可以让文字之间笔画连接，甚至可以让文字之间共用同一个笔画来产生密切联系，连接后的文字会形成一个新的图形效果，如图 4-24 所示。

7）空心法

运用空心设计会产生虚实相生的效果。如果字体沉闷厚重，可以借助空心法调整沉闷感，这个设计要注意处理好中间的留白，如图 4-25 所示。

 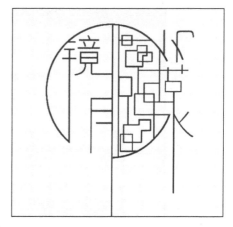

图 4-24　笔画连接

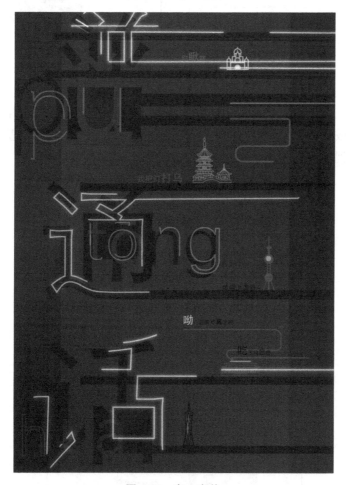

彩图 4-25

图 4-25　空心字体

8）叠加法

　　将文字笔画相互重叠或者将文字排列上下重叠组合（图 4-26），让文字更加丰富有层次感，在叠加的过程中要注意文字的易读性，让文字排列更亲密，更加融为一体。

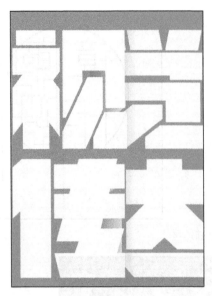

图 4-26　叠加字体

9) 拆分字体法

把文字的笔画拆开(图 4-27),让每个笔画成为个体。拆字是为了寻求新的视觉体验,把拆开的笔画当成基本构成元素,再进行二次组合。在保留原有字意的基础上尽可能增强文字的艺术化、视觉化效果。

图 4-27　拆分字体

4.2.3　色彩语言

色彩在海报设计和文化信息传达过程中是不可忽视的视觉元素，无论文字还是图形，都是不能离开色彩独立存在的。色彩是最直接的视觉交流，它能够在第一时间内吸引观众的注意力，营造强烈的视觉冲击力，引起人们的情绪反应。成功的海报设计其色彩的运用通常恰如其分地符合主题和形式的需要，深刻揭示事物的个性特征，增强认知和感知力度，有效地传播信息，给人们留下深刻的视觉印象和记忆。

1. 色彩类型

海报色彩分为再现性色彩、再造性色彩、渲染性色彩三类。

1）再现性色彩

再现性色彩是指客观事物的固有色的还原。再现性色彩采用客观借用方法，这种色彩会给观赏者带来亲切感，激活观赏者对客观世界的印象，唤醒客观记忆，进而增加辨识度。在海报中一般是具象图形使用再现性色彩，虽然客观真实的色彩表达上有优势，但是也不建议原本原样地复制，一般在色相上遵照客观事物，在明度、纯度上要注重艺术性和审美性的表达。图 4-28 所示设计中影像色彩与客观世界景物固有色对应，属于记录性色彩，但是在艺术表现中不会原本原样地还原色彩，会在客观色与设计风格和个人喜好上稍做改变，所以再现性色彩更多是还原色相，在纯度与明度上变化仍然会产生新奇感，所以借用客观色创作的再现性色彩重点要在常见事物固有色上寻求细微的变化。

彩图 4-28

图 4-28　再现性色彩

2）再造性色彩

再造性色彩是指承载创作者主观认识的色彩，这种色彩并不是凭空臆造出来的，而是在观察客观事物的基础上进行归纳、升华形成的。它不受固有色制约，为了实现抽象情感的表达，借助色彩的联想功能，形成象征性色彩或主观赋予色彩。再造性色彩的优势就是解除了原有事物的色彩制约，通过特殊色彩情感感染力，让观赏者产生共鸣、共情。如图 4-29(a) 所示，国庆海报的色彩是设计者主观审美的选择，让色彩按照个人的情感与喜好组织搭配。采用中国传统色彩，这种色彩让时下热点问题具有中国鲜明的特色。作品中的蓝、绿、红色明显具有中国传统色彩倾向，借鉴了中国山水画青绿色彩风格，这种主观色彩的处理是对客观世界景色的一种升华，借助中国色彩审美来联想到民族性，让主题更加突出，产生民族情感。在色彩的组合上降低纯度、对比度，让整个设计温和不张扬。

3) 渲染性色彩

合理使用色彩烘托气氛，使得观赏者在情感上具有沉浸的体验感。渲染性色彩并没有什么实在含义，根据色彩传达的意念造就相应的情感，概括成一定的精神内容，最终形成色彩的象征意义。借助色彩心理作用唤起人的情感波动，以色彩带动氛围，并形成至真至纯的视觉感受。这是现代海报中比较高级的艺术手法，色彩并不承载实质内容，意在构建一个唯美色调和氛围以波动心弦。图 4-29(b) 所示为艺术活动海报，2019 年的主题是"蓝色、星空"，海报的色彩、图形与主题并没有直接关联性，整个画面用几块色块拼出一个抽象的图形，这种处理就是创作者并不希望观赏者通过形状去获取直接的信息，淡化图形的目的就是希望大家用心去感受色彩营造的氛围，想让色彩视觉语言更加突出，整个颜色搭配让人感觉清爽、干净，充满神秘感。

彩图 4-29

(a) 国庆海报

(b) 艺术活动海报

图 4-29　海报

在广告表现手法中用危害和恶劣的后果让人警醒是比较常见的手段，如图 4-30 所示，《守肺行动》海报中就重点渲染了危害和恶劣的后果。在色彩中采用浑浊的灰褐色的色调，这种色彩的渲染会让人有一些对肺部不好的感受，如雾霾、吸烟、病毒侵害。肺部中间的一抹暗红色会让人联想不健康的肺，因为健康的肺中血应该是鲜红的。这是色彩氛围对人心理产生的影响，无需太多文字色彩的渲染效果就会唤醒人们生活中的经验和记忆。因此设计中应该注重用渲染性色彩来引导人的心理变化，主观情感共鸣会对作品的帮助很大。

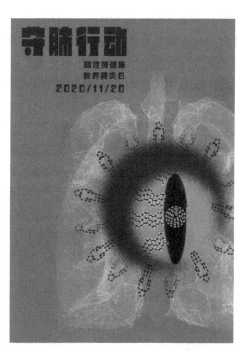

彩图 4-30

2．色彩表现的思路

在海报中占有主要版面的色彩就是整个海报的基调。色调的建立，能营造一种色彩气氛，色彩就是一个海报设计的性格，不同的主题、不同受众、不同时代、不同设计者的表达差异

图 4-30　《守肺行动》海报

很大。色彩基调的构思可以基于行业属性、主题（产品）本身、地域文化、风格审美、时代发展趋势来进行。

1）以主题思想选择

任何设计者都要依照主题思想进行创作，例如，蓝色是 IT 行业比较喜欢的色彩，蓝色具有理性、高科技、博大精深的感觉；绿色是健康、环保、生态的主题比较喜欢的颜色。又如，高端消费人群喜欢有品位的配色，注重精神感受，儿童与老人则喜欢简单易识别的色彩搭配。在设计中科学、创意的平衡才能充分发挥色彩的功能。按照主题选择了海水与浪花的颜色，画面主要营造唯美的意境，蓝绿色是不太常见的海的颜色，翻滚的白浪花显得干净，两者搭配很唯美浪漫，如图 4-31 所示。

2）以地域文化选择

文化是一个民族的整体生活方式和价值系统。色彩是文化的一部分，色彩在演变发展中具有文化属性，色彩文化差异不只是色彩运用上的差异，更主要的是色彩价值趋向不同。同一种色彩在不同的地域、不同国家、不同民族下具有不同的文化象征。海报色彩的表达主观

图 4-31　主题色彩

彩图 4-31

体现了创作者的经历和体验，这必然离不开地域文化的滋养和渗透，因此在相同的色彩应用上，同样的色彩就会被赋予不同的韵味，这是色彩审美对地域文化的折射。中国色彩具有"丹青"美誉，"丹"指丹砂，"青"指青䨼(音"霍")，它们本是两种可做颜料的矿物。中国绘画常用朱红色、石青、石绿演绎独特的审美，有一种含蓄美感，整体颜色高雅、古朴。如图 4-32 所示，这幅作品使用青色、海棠红凸显中华民族特色，加上富有中国特点的图形，整个作品就带有了浓厚的东方文化特色。图 4-33 所示作品的色彩表现突出了日式设计特点。日本色彩看似与中国相似，却因历史文化、宗教信仰、风土人情、人文喜好差异，塑造不同的民族属性。日本设计都喜欢简约、富有禅意的表达，色彩排斥艳俗，将鲜亮的色彩适当地降低明度、饱和度、亮度，使其产生淡雅又温馨的感觉。日本色彩最早起源于白、青、赤(与红接近的黄和紫色)、黑四种颜色。这幅作品的色彩组合是红色、黄色和黑色，具有很强的地域特征，配合极少的画面元素产生巨大动人的力量。这种朴素的色彩意识符合日本的审美，是日本民族对空寂、精炼自然的感悟，形成一种静谧、深远的风格。

彩图 4-32

彩图 4-33

图 4-32　中国色彩表现　　　　　　　图 4-33　日本色彩表现

3) 以风格审美选择

色彩不再为形服务，它具有独立性。在海报中强调色彩独立性，以色代形，加强其视觉作用和心理感染力。色彩是情绪的元素，人的好恶、文化、价值观等会直接被带到色彩的表现中，便会形成独特的色彩审美、风格。不同时代由于社会审美、理念不同，形成了一些相对稳定流行的趋势，影响着一代甚至几代人。在设计的时候可以先预想一种风格，然后按照这种风格来组织色彩调性。

复古风格是一种对过去经典记忆的再创作，让整个设计充满历史感，复古画质带有一种朦胧的质感，再加上复古风格的纹理、字体、低饱和度的复古色，整个画面呈现一种被时间、历史洗礼过的年代感，让人第一眼看上去非常舒适，产生怀旧的经典的美感。图 4-34 所示的滚石 50 周年宣传海报采用复古风格非常合适，时尚的图形加上紫、蓝色低饱和色彩，在色彩层次对比上弱化，制造一种年代褪色的质感。

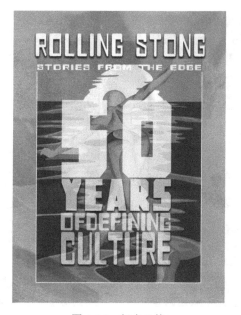

彩图 4-34

图 4-34　复古风格

　　低饱和风格(图 4-35)近几年在海报创作中被推崇,人们对浓墨重彩的"奔放"鲜明色彩产生了疲劳感,创作者放弃色彩的奢华奔放刺激追求,转向写意内敛的表达。低饱和风格就是刻意压制色彩的表现力,原本的艳丽色彩中加入了白色调或灰色调,让各种彩色降低饱和度来趋向灰调,中和原有色彩艳丽和厚重的同时寻得一种宁静而高贵的平衡。这种朦胧的高级感是当下的流行趋势。色彩带着淡淡的疏离感,克制又和平,舒缓又雅致,让视觉获得一种完美的平衡、冷静的感觉,所以也戏称为"温柔性冷淡"。

彩图 4-35

图 4-35　低饱和风格

　　赛博朋克(Cyberpunk)风格类作品背景大都建立于"低端生活与高科技的结合"的基础上,通常拥有先进的科学技术,再以一定程度崩坏的社会结构做对比;拥有五花八门的视觉冲击效果,如街头的霓虹灯、街牌标志性广告以及高楼建筑等,通常搭配的色彩以黑、紫、绿、蓝、红为主,画面对比强烈,以紫色、蓝色、洋红色高饱和个性冷调色彩做成灯光效果,营造一种科技感、对立感,如图 4-36 所示。

彩图 4-36

图 4-36　赛博朋克风格

4.3　海报创意技巧

创意是设计的灵魂,技巧是视觉冲击的基础。创意是传统的叛逆,是打破常规的哲学,是破旧立新的创造与毁灭的循环,是思维碰撞、智慧对接,是具有新颖性和创造性的想法,不同于寻常的解决方法。创意具有神奇的魔力,可以让普通的事物大放异彩,在设计中初学者可以凭借好的创意让作品更有美感。

创意的方式、方法很多,下面重点介绍一些既方便操作,又好掌握的基本方法。

4.3.1　同构

同构是将不同性质的物象进行嫁接、杂交式联姻,取内涵中互相联系的形式因素,将两者以上的差异物象构成共生一体,创造出一个全新的物象,似是而非。这是一种反逻辑的图形构成方法,可以表现出耐人寻味的趣味。此方法的关键是利用不同事物间既相互矛盾又相互联系的元素,进行元素间的置换并同构于一体,从而产生出一种超越或者突变的新个体。新个体赋予观众的思想信息远非表面现象那么单纯,似乎更深刻,也更富有哲理。

1)异形同构

提取、利用相异物象形体之间的类似形态进行整合(图 4-37),更有效地传达出新的内涵与信息,打破原物象自身的天然局限(图 4-38),使新生形象赋有寓意。

2)异质同构

将一种物象的固有材质与另一种具有特定含义的物象共生、嫁接在一起,有些像材质贴图(图 4-39)。它使有差异、不相干的物象之间突然发生关系,传达出另类的物质价值,展现超常的形式魅力。

图 4-37 异形同构

图 4-38 异形同构剪纸牛

图 4-39 异质同构

3) 替换同构

替换同构又称为置换同构,是同构中常见的一种表现手法。在保持原图形基本特征的基础上,用"偷梁换柱"的手法将图形某一部分替换成其他相似特征的形状的一种异常组合形式。这种替换要保证整个造型的完整性,但是在局部上要有跳跃性的表达,如图 4-40(a)所示蛋黄被爱心替换,以及图 4-40(b)所示人物脸上跳跃的色块,两种不属于一种事物的元素通过创意关联,既矛盾又合理,让普通画面以突破常规的方式在视觉上产生新意。

(a)

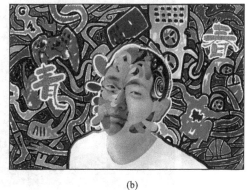

(b)

彩图 4-40

图 4-40 替换同构

4.3.2　寓意双关图形

　　寓意双关图形一形双解，就是一个图形具有两种身份，并通过这种双重身份传达出更简练概括的深层意义。寓意双关图形既有形象上的具体指代，又蕴涵深刻的道理，而这点正是寓意双关图形的创意用心与价值所在。寓意双关图形的关键是围绕主题，塑造出两个或者多个典型性事物结合，将一物象的特征转化为另一物象的特征，从而共同具有寓意成分、传达价值。观众以自身经验与意念再进一步进行逻辑推导，被作品妙趣横生的创意、审美打动。如图 4-41 所示，病毒与钟表合二为一，图形中间人物的上半部分是休息，下半部分是运动，这个巧妙的设计寓意着疾病与规律健康的作息时间密切联系，按时休息，适当运动，是抵抗疾病最好的方法。

彩图 4-41

图 4-41　寓意双关图形

4.3.3　基础图形求新求变

　　基础图形求新求变是一种反常识、反视觉习惯的设计手法，客观存在的合理性被"蔑视与破坏"，新奇性与趣味性成为有悖经验的一次崭新体验。原本不可能的现象（图 4-42）被视觉化，风马牛有时可以相及。这种设计手法更着重于探索全新的视角，带给大众一种新的视觉体验。图 4-43 所示作品的最简单的创意是对视角、视距、视点进行改变，让观赏者体验一种新的视角。视角的特殊性探索是一种尝试透视角与视距等方面的新体验，或许视角、视距、视点的突变会带来异样变化的冲击力，让设计的产品有趣、幽默、诙谐。

图 4-42　反常识视角

图 4-44 所示作品是变异图形，是对物象的原始图形进行超常规的变异、组合，形成新秩序，这部分请参照平面构成中的特异构成原理来学习。

彩图 4-44

图 4-43 视角改变　　　　　　　　　　　　　　图 4-44 变异图形

图 4-45 所示作品将时空概念混淆，令焦点透视错乱违规，是完全主观臆造的另类时空关系。二维平面与三维空间的交互矛盾，利用三维图像在二维平面的表现特征造成的秩序错乱的视觉误导性图片是一个由主观幻想构成的荒诞世界，这种创意对抽象表达有更大的发挥空间。

图 4-45 另类时空关系

彩图 4-46

图 4-46　分解文字

4.3.4　解构文字、数字、符号图形

　　文字、数字、符号作为广告设计的元素，更多地看重它们的形状和语义的视觉作用与心理暗示，同时这些元素的发声及寓意也作为考虑因素。这些元素的形态结构传达出的可塑性较为鲜明，可以根据设计的主题内容对这些元素的形式进行发掘。在创意上要打破文字、图形、符号的属性(图 4-46)，让三者自由转换、互相配合，借助创意设计，无论从主题上还是形式上都更有视觉效果。

4.3.5　异化经典形象

　　异化经典形象是将现实世界中著名的、权威的事物或是艺术作品中塑造出的经典形象进行改装重新上场。在新角色中，经典形象的作用不可小瞧。这些"老明星"或许要背负特殊的使命，向受众表演表述它的思想。经典异化可分为表现手法异化和图形异化，相同的经典形象在不同的创意里会扮演不同的身份，选用时也要考虑它的可行性与适用性。图 4-47 所示为比萨斜塔是意大利标志性建筑，将完整图形用颗粒置换，让普通的图形产生新颖的视觉效果。这是最简单的表现形式异化，异化只是为了寻求视觉变化，在创意上略显逊色。图 4-48 所示为凡·高《星月夜》经典作品的异化效果，作品的名字是"黑夜的守望者"，这恰巧与星月夜呼应。上方天空肆虐的病毒代替了扑朔迷离的星星，这种置换非常契合主题，下方的村庄是对原作品的保留，预示着有了白衣天使的守护才会有百姓的平安与健康。

图 4-47　异化经典形象

图 4-48　凡·高作品《星月夜》异化

第二部分　Photoshop 实战应用

第5章　Photoshop 基础应用与实战案例

　　Photoshop(简称 PS)软件是平面设计师必备的软件，它广泛应用于平面设计的各个领域。在计算机、网络、数字媒体发达的今天，Photoshop 已经从专业设计走向普通大众。作为设计零基础的"小白"，借助这款软件强大的功能可实现高效的艺术创作。Photoshop 就是艺术创作的工具，要想创作出更好的作品，必须要结合扎实的平面理论知识。第二部分重点介绍应用软件中强大的功能来设计一些日常生活、工作中常用的实战案例，希望初学者能够快速学以致用。

第 5 章　Photoshop 基础知识与实战应用

Photoshop 软件是迄今为止最强大的图形处理软件，已经成为事实上的行业标准，主要处理像素构成的数字图像，使用其众多的编修与绘图工具，有效地进行图片编辑工作。Photoshop 在图像、图形、文字、视频、出版等领域中使用广泛。

5.1　优化调整设置

Photoshop 软件安装后首先要进行优化处理，就是把软件设置到最佳状态，让运行更加顺畅和便利，使用的时候不容易出错，文件恢复更便利。优化处理就是通过首选项个性化设置来提升软件效率。执行"编辑"→"首选项"命令，按 Ctrl+K 键打开"设置"面板，进行参数调整。

1. 界面设置

选择"编辑"→"首选项"→"界面"选项，在界面中主要设置外观颜色，系统一般默认的是深灰色(图 5-1)，依据使用习惯可以设置任何一种颜色，建议选择一个保护眼睛的颜色。界面字体大小建议调整为"大"。

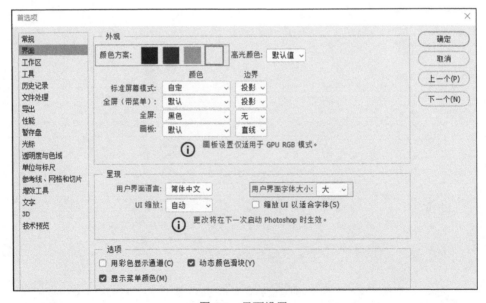

图 5-1　界面设置

2. 性能设置

选择"编辑"→"首选项"→"性能"选项，设置内存使用情况，根据自己计算机的性能来选择，内存越大，计算机运行得越流畅，建议将 Photoshop 通过滑块设置到 85%～90%。历史记录状态选择 50，这个设置决定工作时撤销操作的步数，在作图时非常有利于纠正错误，建议这个设置不要太高以免影响 PS 性能。

3．暂存盘设置

暂存盘一般默认的是 C 盘，设置的时候把除了 C 盘以外的其他暂存盘(图 5-2)选上。不把 C 盘作为暂存盘是因为在运行 Photoshop 的时候会产生大量的数据，有的临时数据可能高达几十吉(G)字节，仅仅用 C 盘作为暂存盘势必会造成系统崩溃无法运行的情况。建议使用除 C 盘以外的其他的盘作为暂存盘，或者将其他盘排在 C 盘前使用。这样会让计算机运行更加顺畅。

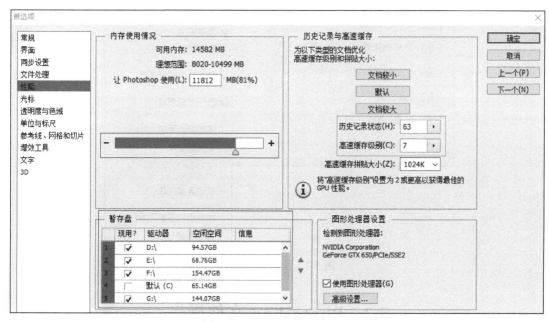

图 5-2　前期设置

以上这些首选项的设置是需要更改的，另外，其他选项的设置需要用户在使用Photoshop 的时候根据个人喜好来修改。如果没有特殊要求，建议使用默认设置。

4．字体安装

文字在Photoshop 的使用中至关重要，在Photoshop 软件中它只会调用计算机里的字体，因此，想要使用的字体下载后要安装到计算机里，Photoshop 才能正常使用。那么字体怎么安装呢？首先要在网上下载需要的字体，然后把字体复制到 C:\WINDOWS\Fonts 这个文件夹中即可。

5．导入画笔

笔刷是 Photoshop 软件中的画笔笔尖形状，它是一些预设的图案，通过导入特殊的画笔，就能以画笔的形式直接画出各种效果的图案。在网上有各种各样的画笔资源，下载后在 Photoshop 画笔工具的浮动面板（窗口/画笔、画笔设置）中，单击右上角的"设置"按钮后会有各种选项，选择"导入画笔"选项即可。也可以在画笔工具的设置栏中单击"画笔大小设置"按钮，在弹出的对话框中单击右上角的"设置"按钮，选择"导入画笔"选项（图 5-3），通过路径找到画笔文件，选择并导入即可。完成后新笔刷就会显示在画笔样式中。

图 5-3　导入画笔操作

5.2　Photoshop 文件操作

Photoshop 文件操作主要包括打开、存储、新建、关闭、调整文件大小，这是 Photoshop 应用中最基本的操作，看似简单，但是里面的具体设置非常庞杂，需要初学者能够详细掌握各种参数，让文件设置更好地服务于设计。

5.2.1　打开文件

在 Photoshop 中导入文件，执行"文件"→"打开"命令，找到对应文件，单击"确定"按钮便可获得素材，或者按 Ctrl+O 键调出"打开"对话框，选择图片，单击"打开"按钮即可，还可以将素材、文件直接拖动到 Photoshop 工具区。当拖动多个文件的时候，标题栏上就会出现多个窗口。多窗口切换可以按 Ctrl+Tab 键，执行"窗口"→"排列"命令，窗口会按照不同的排列方式出现，如全部垂直拼贴、全部水平拼贴、六联等。如果直接全屏看图，按 Tab 键就可以隐藏工具栏与浮动面板。打开文件后在标题栏里会显示出文件名称、格式、缩放比、色彩模式等信息。文件和素材的放大缩小可以使用工具栏中的放大镜来实现，或者使用快捷键 Ctrl++（放大）、Ctrl+-（缩小）来操作。另外，也可以用抓手工具直接拖动图片去任何地方。

文件分为位图和矢量图。位图使用像素点来描述图像，也称为点阵图像，是由多个像素（色块）组成的图像，位图的每个图像都含有固定位置和颜色信息。矢量图是由以数学方式描述的点和线段构成的，通过对点和线段的轮廓或者内部设定颜色，并按照一定的顺序排列来实现图形效果。矢量图也包含了颜色和位置信息，矢量图与像素没有关系，不受像素的影响。位图：色彩丰富，放大后清晰度降低，受分辨率影响，占有空间大。矢量图：色彩丰富度不如位图，放大后清晰度高，不受分辨率影响，占有空间小。

5.2.2　存储文件

通过执行"文件"→"存储"（Ctrl+S）或"存储为"（Shift+Ctrl+S）命令存储文件，存储是将文件存储到当前文件夹中，存储文件名称、格式不变。存储为可将文件存储到其他文件夹中，用不同名称、格式存储文件。在存储中应注意设置存储文件的格式，Photoshop常用的格式有 PSD、JPEG、PNG、RAW 等。

1. PSD

PSD 是 Photoshop 默认的文件格式，是著名的 Adobe 公司的图像处理软件 Photoshop的专用格式，可以保留文件中的所有图层、蒙版、通道、路径、文字、图层样式等。通常情况下在设计定稿前建议保存 PSD 格式，保留原图完整信息以方便二次修改，这是该文件格式最大的优点。缺点就是 PSD 格式属于大型文件格式，有一些软件不能浏览 PSD 格式文件。

2. JPEG

JPEG 是压缩格式，具有较好的压缩效果，它将大型文件压缩在很小的存储空间中，在压缩中会有相应的图像数据损失，尤其是使用过高压缩比例，降低文件最终质量。压缩后文件的图层、通道等统统被合成。这种文件格式最大的优点是兼容性好，目前，JPEG 是各种图像文件格式中最友好的格式，用于彩色传真、静止图像、电话会议、印刷及新闻图片的传送。由于各种浏览器都支持 JPEG 格式，因此它也广泛应用于网络图像。

3. PNG

PNG 是一种无损压缩格式，支持索引、灰度、RGB 三种颜色方案以及 Alpha 通道等技术处理。PNG 的开发目标是改善并取代 GIF 作为适合网络传输的格式而不需要专利许可，一般应用于 Java 程序、网页或 S60 程序中，原因是它的压缩比高，生成的文件体积小。一般 PNG 格式文件比 JPEG 格式文件要大得多，用于网站设计等。在设计中经常使用 PNG格式，利用抠图制作 PNG 格式的透明图片作为设计素材，使用起来很方便。

4. RAW

RAW 为摄影格式，它是相机录制自动产生的原始文件格式，RAW 格式与 PSD 的这种源文件格式有些相似，它最大限度地保留照片的信息，方便专业修图后期使用。第一种方法是用 Photoshop 里面的 Camera Raw 插件进行编辑，第二种方法是用 Adobe 的 Lightroom 软件打开文件进行编辑。很多平台不兼容这种 RAW 格式，也没有办法在线直接观看。较大的体积造成了它不适合在网络上进行快捷的传输。

5.2.3　新建文件

执行"文件"→"新建"命令，或者按 Ctrl+N 键，在打开的"新建文档"对话框（图 5-4）中，可以设置文件名称、文件尺寸、分辨率、颜色模式、背景内容等。

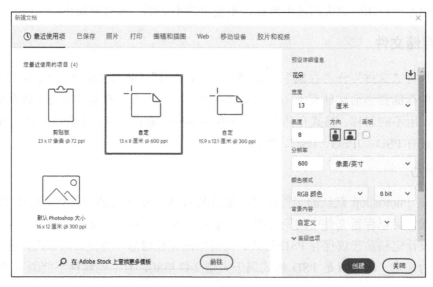

图 5-4　"新建文档"对话框

1．文件名称

按照需要创建文件名称，文件名称方便记录文件内容并使我们在众多文件中能够准确识别其内容，如花朵.jpg。

2．文件尺寸

打开 Photoshop 软件，单击"新建"按钮，在"新建文档"对话框（图 5-4）的"预设详细信息"下设置文件的宽度与高度数值，新建文件尺寸的单位有像素、厘米、英寸（in[①]）、毫米、点、派卡[②]。比较常用的单位是像素和厘米。像素也叫栅格，每一个像素都具有固定的位置及颜色信息，像素是构成位图图像的最小单位，一般应用在显示领域，厘米、毫米应用于打印领域。

3．分辨率

分辨率是图像单位长度内的像素或者点的数量。图像分辨率是每英寸对角线上所拥有的像素数量，Pixels Per Inch 缩写为 PPI。手机数码屏等显示器的分辨率为 PPI；打印分辨

---

① 1in=2.54cm。

② 1 派卡=1/6 英寸=12 点。

率是指每英寸所包含的油墨点数，Dots Per Inch 缩写为 DPI。打印机、鼠标等设备的分辨率为 DPI。在网络中用 PPI，打印输出用 DPI。分辨率直接影响位图图像的效果或者质量。分辨率越高图像就越清晰，生成的文件就越大，操作过程中所占用的内存和 CPU 处理时间也就越多。分辨率越低图像越粗糙，在打印时图像会变得非常模糊。在平面设计中并不是分辨率越高越好，要根据设计需求合理设置分辨率，既保证图像包含足够多的数据，又尽量少占用计算机资源。通俗一点的说法就是，在保证图像清晰度的情况下，尽量减小图像文件大小，让计算机运行流畅。根据以往经验，若用于网页设计，可选择 72dpi；报纸采用的扫描分辨率为 125～170dpi；若用于高级图像处理，如精美的艺术书籍和画册，可选择 300dpi；若用于印刷等出版，可根据印刷的精度而确定，要想保证图像精美至少要 300dpi。输出篇幅越大，分辨率越小，可根据所用尺寸来设置分辨率，$1～3m^2$ 设置为 70dpi；$3m^2$ 以上设置为 30～50dpi；$30～100m^2$ 的喷绘作品设置为 10～20dpi。

4. 颜色模式

数码相机拍摄的图像是鲜艳的，喷墨打印机打印图像的颜色就会灰暗一些。这是因为计算机显示器与喷墨打印机颜色模式不一致，所以才所见非所得，在 Photoshop 中就有不同的颜色模式。颜色模式是一种记录图像颜色的方式。在 Photoshop 图像处理软件中，在"图像"菜单有多种选项，初学者常用到的颜色模式为 RGB、CMYK。

1）RGB 模式

RGB 模式又称为色光模式，它由红、绿、蓝三种色光构成，每一种色光都有 256 个亮度色阶，如红色最亮为 255，最暗为 0，绿色 G 与蓝色 B 是一样的道理，当两种色光颜色数值最大时，蓝光与绿光组合形成青色，蓝光与红光组合形成深红，红光与绿光组合形成黄色。当三种色光都是最大值组合时 RGB 三种数值均为 255，那么三种色光组合在一起为白色。当 RGB 以不同数值混合的时候，就会生成不同的颜色，这样就可以组合成 1670 万种颜色。RGB 模式是通过三种色光组合形成丰富色彩的，因此这种模式又称为加色模式，也是 Photoshop 中最常用的模式，该模式适用于显示器、投影仪、扫描仪、数码相机等，颜色是鲜艳饱满的。而在设计中使用的打印机是 CMYK 模式，因此数码相机图像经过打印机输出会出现色差。

2）CMYK 模式

CMYK 模式是印刷全彩图像的颜色系统，由青（Cyan）、深红（Magenta）、黄（Yellow）、黑（Black）四种颜色组成。平版印刷机和喷墨打印机中有四个油墨盒，青与黄组合形成绿色，黄与洋红组合形成红色，青与深红组合形成蓝色，油墨越混合越灰暗，该颜色模式为减色模式。由于目前油墨工艺还不能制作高纯度的油墨，还需要加入一种专门的黑墨来调和，也就是 K。在实际设计工作中，期刊、报纸、杂志、宣传画的图像印刷出来不失真，这些印刷产品或者需要输出的产品都要设置成 CMYK 模式，否则颜色偏差会很大。在 CMYK 模式下无法使用 Photoshop 的许多滤镜效果，所以一般都使用 RGB 模式，只有在进行印刷时才转换成 CMYK 模式，这时的颜色可能会发生改变。

5. 背景内容

文件的背景内容有"白色""背景色""透明"三种选项。选择背景内容为"白色"，创建新文件的背景色是白色的，Photoshop 默认的背景内容为"白色"。选择背景内容为"背景色"，创建新文件的背景色就会与背景色选择的颜色一致。背景内容为"透明"，那么创建新文件的背景内容无颜色填充，呈现透明状态。

5.2.4　关闭文件

执行"文件"→"关闭"命令，或按 Ctrl+W 组合键，或者单击文件标题栏上的"关闭"按钮，都可以关闭当前处于激活状态的文件。

执行"文件"→"关闭全部"命令，或者按 Ctrl+Alt+W 组合键，可以关闭所有的文件。执行"文件"→"关闭并转到 Bridge"命令，可以关闭当前处于激活状态的文件，然后转到 Bridge 中。

执行"文件"→"退出"命令或者单击 Photoshop 界面右上角的"关闭"按钮，可以关闭所有文件并退出 Photoshop。如果有未保存的文件，会弹出一个对话框，询问退出前是否保存当前文件。

5.2.5　调整文件大小

在 Photoshop 中调整图像的尺寸，执行"文件"→"图像"→"图像大小"命令，调出"图像大小"对话框(图 5-5)。改变文件的尺寸(图 5-5 中①)，单击链接文件尺寸是等比变化，取消链接可自由调整文件高度、宽度尺寸。还可以改变文件的分辨率(图 5-5 中②)，分辨率越大，文件越大，分辨率越小文件越小。

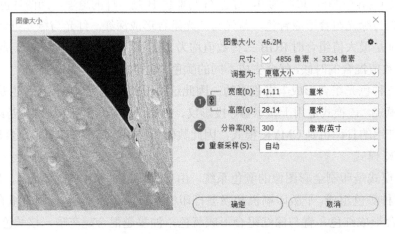

图 5-5　"图像大小"对话框

5.3　选择工具组

5.3.1　矩形选框工具组

Photoshop 矩形选框工具是常用的操作工具，快捷键为 M。矩形选框工具组中有四个选项，分别为矩形选框工具、椭圆形选框工具、单行选框工具、单列选框工具。选择的时候会出现流动的蚂蚁线，这表示当前选区内的事物被选中，选择时会把图与背景同时选中，为规则性图形（方形或者圆形）。要借助填充颜色或者描边才能绘制出具体的图形。"羽化"用于（图 5-6 中①）设置选区边缘模糊的效果，羽化值越大边缘越不清晰，这种设置有助于所选区域与周围影像自然融合。"消除锯齿"能让图像的边缘更加平滑，在低分辨率的情况下效果更明显，选择它要付出运算量大的代价。按住 Shift 键拖动选区可以建立正方形/正圆形选框，或者在"样式"中（图 5-6 中②）设定 1∶1 样式。

图 5-6　矩形属性

选区的布尔运算（图 5-6 中③）通过"新建图层""添加到选区""从选区中减去""两个选区交集"这四个选项来实现选区运算，从而得到复杂的选区，绘制丰富的图形。如图 5-7 所示，做选区时候按住 Shift 键，鼠标指针下方出现"+"号，可以执行多个选区相加功能。按 Alt 键，鼠标指针下方出现"−"号，执行从选区减去功能，可以在现有选区中减去绘制的新选区。按 Shift+Alt 键执行的是交集功能，鼠标指针下方出现"X"，绘制选区时保留原来的选区和绘制的矩形选区二者共同的部分。布尔运算在绘制图形中需要借助两个或者两个以上选区（图形）进行组合产生更丰富图形的方法。虽然矩形选框工具绘制的是规则的图形，但是利用布尔运算就可以在规则图形的基础上得到一个相对复杂的图形。

图 5-7　布尔运算

5.3.2　套索工具组

套索工具组（图 5-8）用于绘制图形和不规则选区，适合在主体边缘与背景差别明显的情况下使用。套索工具选择或者绘制形状时自由随性，如果要选择准确的选区来绘制图形，这个工具的效果很一般，不建议使用。多边形套索工具适合选择并绘制边缘是直线的图形。在多边形套索状态下，按住 Shift 键就会获得水平或垂直的直线。磁性套索工具像吸铁石一样吸附在图形边缘上，这个工具是三个套索工具中最实用的工具，它的磁性极大地增加了选区的准确性。磁性套索工具适合边缘清晰、主体物与背景色反差大的图形。

图 5-8　套索工具组

5.3.3　对象选择工具组

对象选择工具组（图 5-9）包括对象选择工具、快速选择工具、魔棒工具。对象选择工具友好，只要图片中框选一定范围，这个工具就可以自动建立选区。快速选择工具可以快速

图 5-9　对象选择工具组

感知对比比较大的边缘，直接用画笔工具涂抹图形中需要被选中的部分，这样选区可以精准地操作。魔棒工具适合用于按照颜色区域来选择颜色。用魔棒工具中单击可取样点，设置容差值可以参照取样点颜色向相近区域扩散。容差值越大，颜色兼容跨度也就越大。选区无法一次精准选中，使用加选画笔或者减选画笔重复操作。这个功能配合"选择并遮住"功能，可以让选区更加细化。

5.3.4　色彩范围

"色彩范围"命令也属于选择类工具，在选择色彩范围时，它与魔棒工具有相似之处，都是选择整个图像内指定的色彩或色彩范围。色彩范围具有更高级的控制选项，做选区精准度更高。优势是快速选择随机分散的画面，适合应用在色彩对比度大的图片，色彩对比度越大越可以将同类色彩准确地选出来，如果色彩对比度小，则边界不清晰，选择就不会准确。"选择"（图 5-10 中①）用于设置选区的创建方式。选择"取样颜色"选项时，光标会变成吸管形状，将光标放置在画布中的图像上，或在"色彩范围"对话框中的预览图上单击，可以对颜色进行取样；按照色彩范围、色调区域、肤色、溢色进行选择。"颜色容差"（图 5-10 中②）用来控制色彩的选择范围。数值越高，包含的色彩越多；数值越低，包含的色彩越少。选区预览图（图 5-10 中③）下面包含"选择范围"和"图像"两个单选项。选择

"选择范围"单选项时，预览区域中的白色代表被选择的区域，黑色代表未选择的区域，灰色代表部分被选择的区域（即有羽化效果的区域）；选择"图像"单选项时，预览区内会显示彩色图像。单击"存储"按钮（图 5-10 中④），将当前的设置状态保存为选区预设；单击"载入"按钮，可以载入存储的选区预设文件。当选择"取样颜色"选项时（图 5-10 中⑤），利用"添加"或"减去"取样颜色让选区更加精准。反相指将选区进行反转，也就是说创建选区以后，选择"反相"复选框（图 5-10 中⑥）就可以选中创建的选区以外的选区，和选区反选是一个效果。

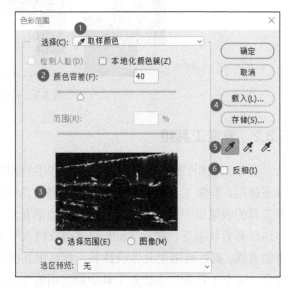

图 5-10　"色彩范围"对话框（一）

5.3.5　蒙版

蒙版是 Photoshop 的高级技巧。把蒙版理解为盖在图像上的透明玻璃，在透明的玻璃上，利用一种特殊的橡皮擦（黑白灰画笔）对图像进行操作，但是不会对原图造成损坏，可以还原。黑色代表遮住（无、透明、隐藏），即在透明玻璃上把不需要的部分用黑色遮挡住，这样就看不到不需要的图像，在蒙版中显示网格透明消失状态。白色代表显示（有、不透明、

显示），当用黑色画笔擦除过多，选择图形不够准确时，可以切换到白色画笔再把擦除的图像恢复。灰色表示半透明。蒙版选区功能可以反复利用不同大小的黑白画笔，进行反复隐藏、擦除，让选择更加精准。蒙版分为快速蒙版、图层蒙版、剪切蒙版三种。快速蒙板大多数是用来做选区的，它只是一个临时蒙板，在快速蒙版中所做的一切操作都只应用到蒙版而不是图像上。图层蒙板是隐藏或显示图片用的，它不会修改原有的图层信息，可以存储和编辑。剪切蒙版会将操作控制在特定区域中，相当于把一个颜色或者图像放置在指定选区里面。

5.3.6　实战应用

1. 描边画法整理

描边分为选区描边和图层描边。当背景色与文字颜色相同或者相近时，描边可以让文字在相同或者相近的背景上突出。当文字本身粗度不够，或者文字不够厚重时，可以采用描边让文字更加有气势。当图形需要突出或者扩展时，也可以采用图形描边处理来增加图形的效果。

方法一：选区描边。

(1) 在画布中对文字或者目标图形做选区。

(2) 在选项栏中执行“编辑”→“描边”命令。

(3) 设置描边的宽度（图 5-11 中①）、描边的颜色（图 5-11 中②）、描边的位置（图 5-11 中③）单击“确定”按钮即可。

图 5-11　选区描边

方法二：图层描边。

(1) 在画布中对文字或者目标图形做选区。

(2) 在当前图层单击图层下方图层样式（图 5-12），或者执行“图层”→“图层样式”→“描边”命令。

(3) 设置描边宽度、位置、颜色。

(4) 确认即可。

图 5-12　图层样式描边

2．剪切蒙版图片合成

（1）打开"计算机显示器"（图 5-13 中①）、"屏保图片"（图 5-13 中③）两幅图片。

（2）用矩形选框工具画一个与"计算机屏幕"图片相同的形状，如图 5-13 中②所示。

（3）把"屏保图片"放在形状上面，选区形状在下面。按住 Alt 键并单击两个图层中间，便形成快速剪切蒙版。

图 5-13　剪切蒙版图片合成

（4）屏保图片与显示器吻合，这样计算机屏保就被更换了（图 5-14）。这种操作在 Photoshop 中是最常见、最基本的图形处理方式。只要找到合适的两幅图片，便会得到精彩的合成图片。

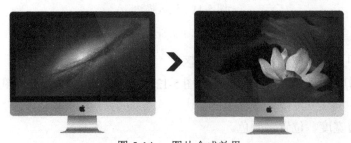

图 5-14　图片合成效果

3．制作证件照片

（1）新建一个尺寸为 3.5cm×5.3cm，分辨率为 300dpi 的文件。

（2）选择一幅正面免冠照片，因为尺寸不符合要求，用矩形选框工具选择照片上半身，注意人像与选择位置的关系。执行"编辑"→"拷贝"命令（Ctrl+C），再执行"粘贴"命令（Ctrl+V），将人像复制到新建 3.5cm×5.3cm 照片文件中。

（3）选择套索工具把人物框选出来（图 5-15），还可以使用任何能框选的工具。

图 5-15　套索选中

（4）执行"选择"→"选择并遮住"命令，在"选择并遮住"对话框中使用调整边缘画笔工具（图 5-16 中①）擦去多余的边缘，仅保留人物图像。

图 5-16　选择并遮住调整边缘

（5）抠出人物并复制到新的图层中。把原始素材图层关掉或者删除，在抠出的人物图层下方做一个证件照常见的红色或者蓝色纯色背景。调整人物大小、位置确定即可。证件照效果如图 5-17 所示。

4．设计信封

（1）新建一个尺寸为 15cm×9cm，分辨率为 300dpi 的文件。

（2）新建一层，用矩形选框工具绘制正方形选区，执行"编辑"→"描边"命令，如选择粗细为 2，使用移动工具并按 Alt 键复制方框得到六个大小相同的方框，这六个方框是书写邮编的位置，如图 5-18 所示。

图 5-17　证件照效果

图 5-18　绘制邮编框

(3)使用矩形选框工具绘制一条长线条，执行"编辑"→"填充"命令填充蓝色，用多边形选框工具在蓝色线条右端选择一个三角形选区删除选区内部，让线条成为斜角线条。复制蓝色斜角线条到一个新图层，按 Ctrl+T 键进行（自由变换）旋转，把复制蓝色线条旋转180°，同时选中两条线的图层，用移动工具执行"底部对齐"命令。按 Ctrl 键并单击复制蓝色线条图层缩略图，将复制蓝色线条调出选区，将其填充为绿色，如图 5-19 所示。

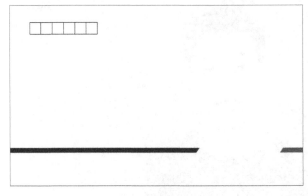

图 5-19　绘制信封装饰线条

(4)用魔棒工具把哈尔滨工程大学校徽抠出来，按 Ctrl+C 键复制校徽，按 Ctrl+V 键把校徽粘贴到信封的相应位置，调整校徽的大小（Ctrl+T），让校徽放置在蓝色、绿色线条之间，调整大小使其适应该位置，如图 5-20 所示。

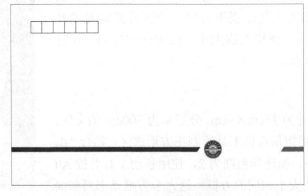

图 5-20　复制并调整校徽

(5)使用画笔工具绘制虚线，执行"画笔"(图 5-21 中①)→"笔尖形状"(图 5-21 中②)，设置画笔大小(图 5-21 中③)、间距(图 5-21 中④)得到虚线画笔。然后按住 Shift 键就可以直接绘制虚线，用该方法绘制两个方形虚线框，在虚线框中输入文字"邮票粘贴"。

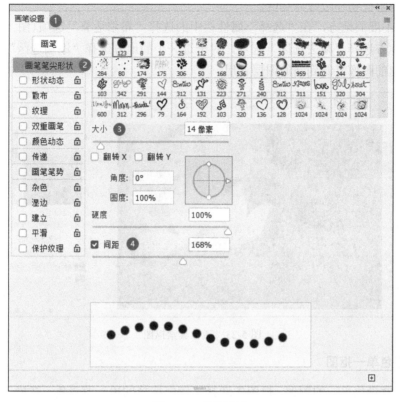

图 5-21　虚线设置

(6)使用文字工具输入学校的相关信息，注意文字的排版。信封效果如图 5-22 所示。

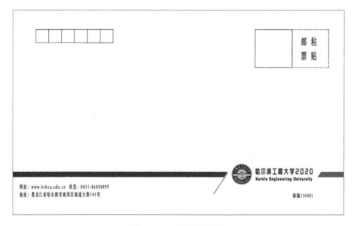

图 5-22　信封效果

彩图 5-22

5. 套索抠图

(1)抠图一般使用磁性套索工具，这个工具对于主体边缘清晰的物体效果非常好，对于边缘模糊、颜色不鲜明的物体则不适合。打开一幅图片(图 5-23)，按 Ctrl+J 键复制一个新的图层(图 5-23 中①)，所有抠图处理都要执行这一步，这样可以保护原始图片不被破坏。

(2)选择磁性套索工具(图 5-23 中②)，用磁性套索工具沿着物体边缘滑动，这样鼠标指针会自动吸附在物体边缘做选区。

(3)吸附不准的地方，在"选择"属性栏中的选择"布尔运算"选项(图 5-23 中③)，对于多余的地方选择"减去选区"选项，对于选区少的地方选择"添加选区"选项，反复修改，将抠出的图像复制到新的图层备用。

图 5-23　磁性套索抠图

6．背景色单一抠图

(1)针对背景色单一的图像，抠图先选择比较好选择的单一背景色，魔棒工具是按照颜色进行选择的工具，可以使用魔棒工具选择单一颜色区域。

(2)利用反向选择转变为主体物选区。如图 5-24 所示，用魔棒工具选择白色背景(容差值：10)，如果不能够一次把白色背景全部选中，那么就使用"添加选区"选项或者按 Shift键进行多次选择。执行"选择"→"反向选择"命令，将白色背景以外的水果区域选中(图 5-25)，这样水果就被准确地抠出来。

图 5-24　抠图素材

图 5-25　水果选区

7．色彩范围抠图

(1)"色彩范围"功能适合抠取色彩对比鲜明、色彩边界线比较清晰的图形。打开一幅图，执行"选择"→"色彩范围"命令，用吸管工具(图 5-26 中①)吸取背景色，如果背景色并没有全部选中，加大容差值，用加号吸管工具(图 5-26 中②)吸取背景中其他未被选中颜色，多次操作直至背景色被准确选中。

(2)执行"反向"操作，图中主体物就被选中，按 Ctrl+J 键复制一层，这样主体物就被抠出来了。花朵的中间由于与背景色接近(图 5-27)，因此抠图并不精准。

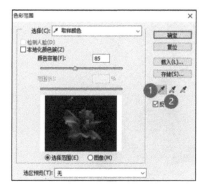
图 5-26　"色彩范围"对话框

图 5-27　色彩抠图

(3)执行第(2)步操作，重点获取花朵中间的图像，或者用其他工具抠出缺失的图像，把两个图像合并。抠图可以借助多个工具共同完成，因为不同的抠图工具有各自擅长的项目，综合使用会让抠图更加精准。

8. 通道抠图

(1)打开图片。在"通道"面板，单击每个通道查看通道的黑白灰关系(图 5-28)，为了有利于抠图，会选择主体图形与背景反差大的通道，就是边缘越清晰越有利于抠图。切记，不要在原始通道上操作，复制边缘清晰的通道。这个素材图经过 R(红)、G(绿)、B(蓝)三个通道对比，"红"通道图形与背景反差最大。"红 拷贝"通道如图 5-28 中①所示。

(2)执行"图像"→"调整"→"色阶"命令，调出"色阶"对话框(图 5-29)。在"色阶"对话框上调整最亮、最暗、中间调的值来让图形的黑白对比反差更大更清晰，在这里主要看主体图形与背景反差，只要图形边缘清晰可见，目的就达到了。

图 5-28　复制通道

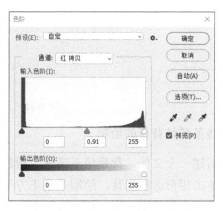
图 5-29　"色阶"对话框

（3）调整完成后按住 Ctrl 键并单击复制的通道，得到一个选区。切换到"图层"面板下，建立一个图层蒙版。观察抠出来的图形，利用画笔工具把多余的部分擦除（图 5-30），调整的时候反复显示、隐藏原始图层来进行比较，让图形选择得更加精准，最终效果如图 5-31 所示。

图 5-30　通道抠图

图 5-31　通道抠图效果

9. 线条酷炫背景的绘制

（1）新建一个文件，背景填充黑色，新建一个透明图层。

（2）单击矩形选框工具，绘制一个正方形，描边宽度设置为 20 像素，如图 5-32 所示。

（3）将正方形复制一层，按 Ctrl+T 键进行自由变换，再按 Alt+Shift 键进行居中等比缩小变化，然后将缩小正方形旋转一定角度。这个大小变化和角度不要太大，如图 5-33 所示。

图 5-32　描边设置　　　　　　　　图 5-33　缩小旋转线条

（4）按 Ctrl+Alt+Shift+T 键，反复重复上一个动作，复制多个图层。参照图 5-34 效果进行制作，将复制图层合并。

（5）新建一个图层，做一个径向渐变，按住 Alt 键，单击两个图层中间，创建剪切蒙版。为了让线条更灵活，可以稍微放大并旋转一定角度，这样纹理更灵动，最终效果如图 5-35 所示。

图 5-34　重复上个动作　　　　　　　图 5-35　线条酷炫效果

（6）执行"图层样式"→"色彩平衡"命令（图 5-36），按照主题需要可以任意修改配色。

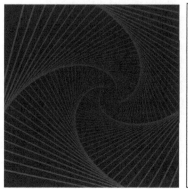

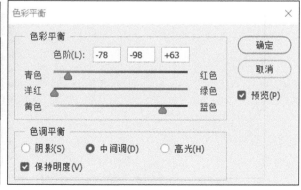

图 5-36　修改配色

10．有序排列图形

（1）新建一个文件，复制一个基础图形，重复复制操作多复制几个图层，如图 5-37 所示。

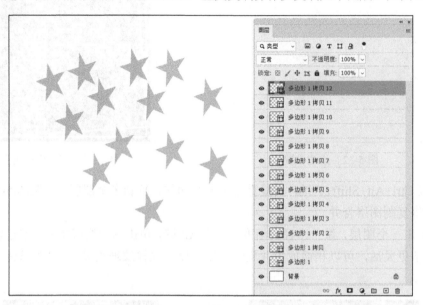

图 5-37   复制基础图形

（2）选中所有图层，执行"移动工具"→"对齐"→"顶对齐"命令，将所有基础图层排成一排。

（3）在画面中确定好第一个基础图形和最后一个基础图形的位置，选中所有图层，执行"移动工具"→"分布"→"左分布"命令，基础图形便在第一个图形与最后一个图形之间均匀有序分布了（图 5-38）。

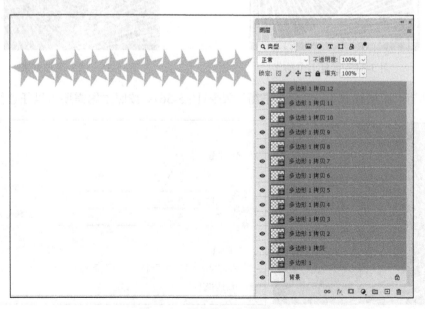

图 5-38   图形均匀有序分布

11．太极图的绘制

(1) 新建一个文件，执行"视图"→"标尺"命令。拖出两条上下左右居中的参考线。使用椭圆形选框工具绘制一个正圆形(Shift+Alt)，填充白色。效果如图 5-39 所示。

(2) 按住 Ctrl 键并单击正圆形的缩略图，调出白色选区，选择矩形选框工具，执行"布尔运算"→"交集"命令(图 5-40 中①)。选中一半圆形，新建一个图层并填充黑色。

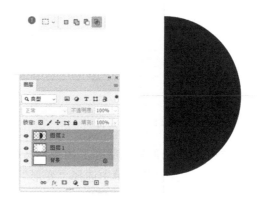

图 5-39　绘制正圆形　　　　　　　　　　图 5-40　填充黑色半圆形

(3) 调出黑色半圆形选区，使用椭圆形选框工具，执行"布尔运算"→"添加选区"命令，参照图 5-41 中①的效果为黑色半圆形添加一个圆形形状。

(4) 复制白色正圆形，按 Ctrl+T 键将半径缩小到原来的 1/2，参照图 5-42 位置，将复制白色正圆形放到黑色正圆形上面。

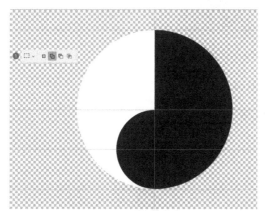

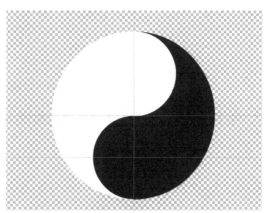

图 5-41　添加黑色正圆形　　　　　　　　图 5-42　添加白色正圆形

12．快速给瓶子添加图案

(1) 打开瓶子的原始图，使用钢笔工具(不同的图片使用不同选框工具)将瓶子抠出来，按 Ctrl+J 键复制一层。拖入素材图，参照图 5-43 调整素材图大小、位置。

(2) 在"花朵"图层右击，在弹出的菜单中选择"创建剪切蒙版"命令，或者按 Alt 键在"花"与"瓶子"两图中间创建剪切蒙版，最终效果如图 5-44 所示。

图 5-43　导入素材　　　　　　　　　　图 5-44　创建剪切蒙版

(3) 观察素材图与原始图状态，如果不够逼真，可以按 Ctrl+T 键进行自由变换，在素材图片上右击，在弹出的菜单中选择"变形"→"膨胀"模式，如图 5-45 中①所示。

图 5-45　对贴图进行膨胀操作

(4) 原始图与添加图案的效果对比如图 5-46 所示。

彩图 5-46

(a) 原始图的瓶子　　　　　　　　　　(b) 添加图案的瓶子

图 5-46　效果对比

5.4　修图工具组

5.4.1　画笔工具组

画笔工具是绘制图形的工具。画笔工具组中包含画笔工具、铅笔工具、颜色替换工具、混合器画笔工具(图 5-47)，主要应用于上色、画线、画图案、修图。

执行"窗口"→"画笔"命令，如图 5-48 中①所示，调出的"画笔"面板如图 5-48 中②所示。在画笔工具属性栏中(图 5-48 中③)设置笔刷类型、笔刷大小、笔刷硬度。使用方括号键来快捷调整笔刷大小，按[键将笔刷调整变小，按]键将笔刷调整变大。硬度控制笔刷边缘的清晰或者虚化程度。

图 5-47　画笔工具组

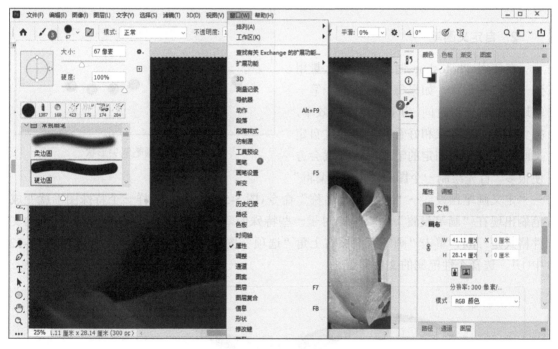

图 5-48　画笔工具设置

1. 画笔笔尖形状

画笔笔尖形状高级设置(图 5-49)。画图的时候，根据所画物体来设置画笔形状。画笔笔尖形状可以调整笔刷类型、大小、硬度和间距，其实线就是点沿着一定轨迹运行形成的，间距大小决定了线是实线还是虚线。"形状动态"选项用于调整画笔抖动的大小、角度和圆度等参数，从而改变画笔的形态。"散布"选项用于设置画笔笔迹中笔尖数值和位置，使画笔笔迹沿着绘制的线条扩散。数值越大，分散的范围越大，并且散布到画笔笔迹的四周。"纹理"选项用于改变笔刷的绘制效果，增加路径绘制的纹理感，通过调整深度、高度、对比度和抖动的数值来调整纹理效果。"传递"选项用于调整笔刷的流量抖动、不透明度抖动、湿度抖动、混合抖动等参数，控制笔迹传递过程中的变化效果。"双重画笔""颜色动态""画笔笔势""杂色""湿边""建立""平滑""保护纹理"这些选项，主要用于数位板绘画调整线条，初学者应用很少涉及，在此就不一一介绍。"压感"选项用于模拟画笔下笔的重与轻的感觉（图 5-50），使绘制线条的感觉更加丰富。当使用数位板画图时，这个压感效果就特别明显，Photoshop 软件感应画图时下笔的力度来产生更多有温度的线条，这就实现了软件到真实画笔的过渡。

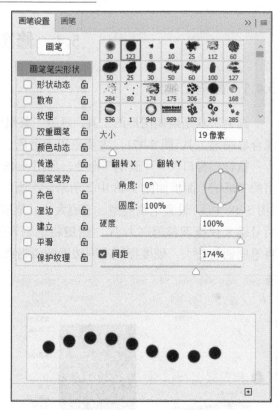

图 5-49　画笔笔尖形状

2. 自定义画笔

在使用 Photoshop 时，常常会大量用到一些特殊形状，如果每个形状都一笔一笔地绘制很浪费时间。为了提高作图效率，把大量使用的形状和好看的图形通过自定义画笔功能变成固定的笔刷，这样就会方便很多。首先绘制一个图形，执行"编辑"→"定义画笔预设"→"设置画笔名称"命令（图 5-51 中①），这样一个特殊图形就变成笔刷出现在"画笔设置"面板里。对于一些特殊的笔刷还可以使用网络资源，笔刷的文件格式是*.abr，单击"画笔"面板右上角"选项"按钮，选择"导入画笔"选项（图 5-52中①），选择个性笔刷的文件即可。

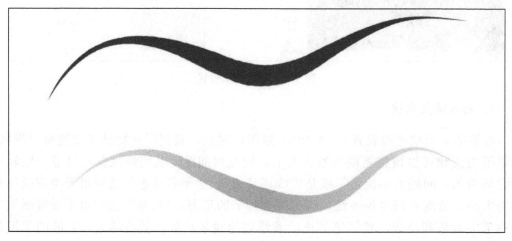

图 5-50　笔刷压感

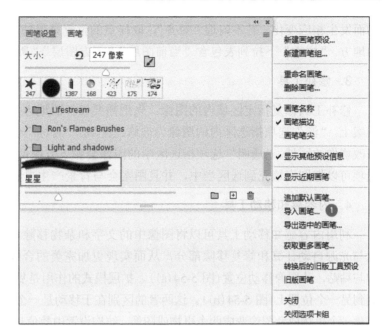

图 5-51　自定义画笔　　　　　　　　　　　图 5-52　导入画笔

5.4.2　修复画笔工具组

修复画笔工具组包括污点修复画笔工具、修复画笔工具、修补工具、内容感知移动工具、红眼工具（图 5-53）。

1. 污点修复画笔工具

污点修复画笔工具用于修复比较小的杂点或杂斑。笔刷大小决定涂抹范围，一般笔刷大小要按照斑点大小来调整，然后直接在图片上进行修改。污点修复画笔工具类型包括

图 5-53　修复画笔工具组

"内容识别""创建纹理""近似匹配"三种。"内容识别"是根据画笔周边进行识别填充，即从污点边缘向四周寻找最接近的颜色或者纹理进行修复融合以达到自然统一的效果。"创建纹理"是使用选区内的像素创建一个纹理来修复瑕疵。"创建纹理"并不常用，因为它所创建的纹理与原图在某些情况下无法达到自然统一的效果。"近似匹配"和"内容识别"很相似，只是填充内容不是从四周获取的，而是根据污点边缘区域像素做参考进行运算修复。"对所有图层取样"可以保护原图，把修复部分建在新选区中间。

2. 修复画笔工具

修复画笔工具利用制定样本点去除图片中的瑕疵，类似于仿制图章工具，不同之处是被修复的部分会自动与背景色进行运算形成自然融合效果。"取样"选项指使用取样点的像素来覆盖单击点的像素。修复画笔需要一个修复源，用 Alt 键来定义，按住 Alt 键并单击图像中的某部分，这部分图像便会成为修复源。"图案"选项指以所选图案进行填充修复，并且图案与背景自然融合；对于"对齐"选项，若选择该选项，取样点位置会随着光标的移

动而发生相应变化，若不勾选"对齐"，取样点的位置是保持不变的，一直处于最初取样点的地方。"样本"下拉列表包含"当前图层""下方图层""所有图层"选项。

3. 修补工具

修补工具修复指定区域内的图像。先把需要修补的地方用选区框选，然后拖动到好的图案上。"源"选项指选区内的图像为被修改区域。"目标"选项指选区内的图像用来作为修改影像的区域。"透明"选项指选区中的图像会和下方图像产生透明叠加。使用"图案"选项可以把图案填充到选区当中，并且图案会与背景产生自然融合效果。

4. 内容感知移动工具

利用内容感知移动工具可以将图像中的文字和杂物移除，同时还会根据图像周围的环境与光源自动计算和修复移除部分，从而实现更加完美的合成效果。移动模式的作用是剪切与粘贴，让图像移动位置(图 5-54(a))。扩展模式的作用是复制与粘贴，就是把一个图像复制到另一个位置上(图 5-54(b))。这两者的区别在于移动是一个事物或者图像被改变位置，扩展是一个事物或者图像变成两个事物或图像。结构设置中数值越大，选区的图像被移动到另一个位置上时边缘越清晰，被移动图像与新位置背景的融合度就不那么好。这些选项的作用就是控制移动目标边缘与周围环境融合的强度。数值越小，移动的图像与新位置背景融合得越自然。"投影时变换"选项的作用是将选中的图像移动到新的位置上时可以进行缩放或旋转。

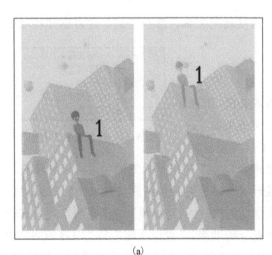　　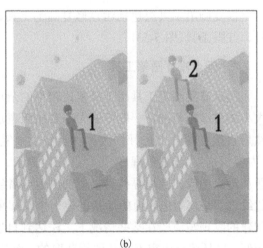

(a)　　　　　　　　　　　　　　(b)

图 5-54　内容感知移动

5. 红眼工具

红眼工具主要处理光线较暗的情况下，拍照产生的红眼现象。使用方法非常简单，选择红眼工具，在红眼处单击即可去除红眼。

5.4.3　仿制图章工具组

1. 仿制图章工具

利用仿制图章工具可以将图像的一个区域的像素绘制到另一个区域中，使新绘制出来

的图像区域融入整个画面中，从而达到修复或者复制纹理的作用。利用仿制图章工具和 Alt
键可以定义修复替代的图像源，在定义的时候鼠标指针变成"十"字形，代表该位置被记
忆，然后被修复位置按照"十"字形定义图像来修复。"画笔预设"用于调整笔刷大小、硬
度、圆度等。笔刷大小决定了涂抹的宽度，笔刷大小使用快捷键调整，使用[键调小笔刷，]
键调大笔刷。"混合模式"用于设置所使用的混合模式。"不透明度"用于设置修补图像的
不透明度。"流量"用于设置修补图像时像素色彩的流动速度。选中"对齐"选项后，可以
连续对图像进行取样，即使释放鼠标左键后，也不会丢失当前的取样点。不选中"对齐"
选项，则每次单击"仿制"按钮时都是以第一次的取样图像进行仿制，就是每次无论从哪
里开始仿制，采样都是从老地方开始。选中"对齐"选项，只有第一次单击"仿制"按钮
时从定义取样点开始，再次单击"取样点"按钮会失效，变为新的取样点。"样本"下拉列
表包含"当前图层""当前和下方图层""所有图层"选项。

2．图案图章工具

图案图章工具就是用一个图案作为仿制源，修复的时候用被定义的图案修复。图案图
章工具和仿制图章工具的不同点是，前者的"源"来自 Photoshop 中内置的图案或者从外
面载入的"外挂图案"，而后者的"源"来自同一幅图片的某区域的像素。画笔预设、模式、
不透明度、流量、对齐、样本可参照仿制图章工具。图案图章工具中的自定义图案，首先
打开需要作为图案源的图案，建议不要太大。执行"编辑"→"定义图案"命令，给图案
起个名字并保存。在图案图章工具的图案拾取器(图 5-55 中①)中就会找到该图案，此时使
用图案图章工具仿制，就会出现自定义图案。如果需要特殊图案，还可以通过网络资源把
外部的图案(.pat 后缀的外挂图案文件)载入到图案拾取器中，进行使用。

图 5-55　自定义图案

5.4.4　历史记录画笔工具组

1．历史记录画笔工具

利用历史记录画笔工具，可以将图像编辑中的某个画面状态还原，还可以还原图像某
区域的某一步历史操作，使该区域的历史画面和当前画面巧妙融合在一起，形成特殊效果。
执行"窗口"→"历史记录"命令，调出"历史记录"面板，选择想还原图像那一步(图 5-56
中①)，然后调整笔刷大小、硬度等参数，使用历史记录画笔涂抹想还原的地方，这个地方
就被还原到历史步骤状态。

2．历史记录艺术画笔工具

历史记录艺术画笔工具执行的是一种针对历史记录状态的恢复操作，但恢复的同时增
加了艺术化的效果，使之巧妙融合在一起。"样式"包括"轻涂"、"绷紧短"、"绷紧中"和
"绷紧长"等选项；"区域"用于设置绘画描边所覆盖的区域；"容差"用于限定可应用绘画

图 5-56　"历史记录"面板

描边的区域。容差值较低时，可以在图像中的任何一个地方绘制无数条描边；容差值较高时，会将绘画描边限定在与原状态或快照中的颜色明显不同的区域。历史记录画笔工具与历史记录艺术画笔工具应用得不多，因为它们属于任意抹除的工具，很难有规整的绘制效果。它算是修改型工具。

5.4.5　实战应用

1. 绘制虚线

（1）利用画笔工具绘制虚线。选择画笔工具，在菜单中执行"窗口"→"画笔设置"→"画笔笔尖形状"命令（图 5-57 中①），设置笔刷大小（图 5-57 中②），调整间距（图 5-57 中③），把间距调大得到虚线。

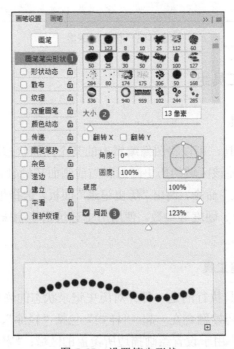

图 5-57　设置笔尖形状

(2)执行"窗口"→"样式"命令,打开"样式"面板,然后单击上方的"选项"按钮(图 5-58 中①),再选择"旧版样式及其他"选项(图 5-58 中②),设置虚线笔画(图 5-58 中③)。面板中将出现一些与虚线有关的样式。使用方法是,如果没有选区,单击其中的一个样式,该样式就可以作用于当前图层;如果有选区,样式则作用于当前选区。使用"样式"面板的虚线样式,可以为任意对象添加虚线边框。

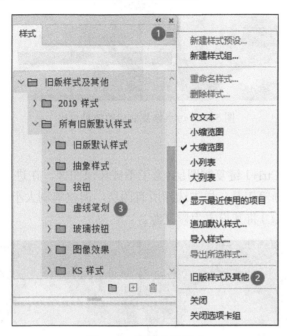

图 5-58　导出虚线样式

2. 修复脸部污点

人像修图非常关键的一步就是去掉人物脸部的污点,如斑、痣和一些青春痘等。

(1)使用污点修复画笔工具,操作重点是要把笔刷调整到适当大小进行修复,正好覆盖需要修复的地方即可(图 5-59 中①)。选择"内容识别"类型。

图 5-59　污点修复笔刷大小设置

(2)使用污点修复画笔工具反复在污点上进行修复,建议不要一下修复一大片,要有耐心一个一个地慢慢修复。少量多次,修复更自然。污点修复前后的效果对比如图 5-60 所示。

彩图 5-60

图 5-60　污点修复前后的效果对比

3．修复人像皱纹

（1）打开图片，按 Ctrl+J 键复制图层（为了不破坏原图像，在进行修复操作前建议将该图层复制）。选择修复画笔工具，样本选择所有图层，调整笔刷大小，按住 Alt 键单击一块平滑的皮肤（图 5-61 中①）将其设定为修复源。

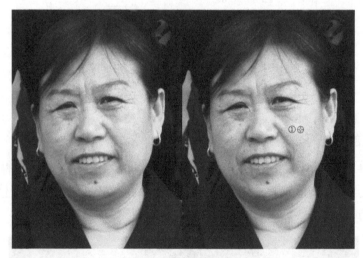

图 5-61　修复皱纹

（2）松开 Alt 键，使用修复画笔工具小范围涂抹在附近的皱纹上，并不断重复执行"拾取修复源"→"修复"命令。在修复过程中，每按一次鼠标左键都会看到屏幕上有个十字花，这就是参考修复源的位置。这里面有个小技巧，为了看清楚，最好放大到局部修复，然后使用空格键配合鼠标左键来移动图像，使用[和]键来调整笔刷大小。修图效果对比如图 5-62 所示。

（3）人像修图时，并不是什么样的人都适合把脸修得特别光滑，要依据年龄来界定，年龄大的人保留一点点皱纹的痕迹看着更自然，人像修图最佳状态就是要接近人物年龄自然美化。在做完皱纹修复之后，可以把修复图层的不透明度降低（图 5-63 中①），让原始图层的皱纹纹理略微复现一点，这样看着更自然，更贴近人物真实面貌。

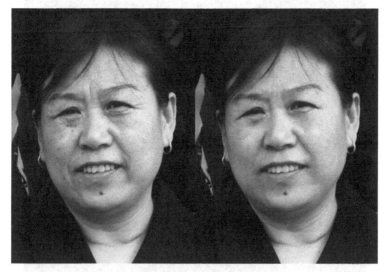

图 5-62　修图效果对比

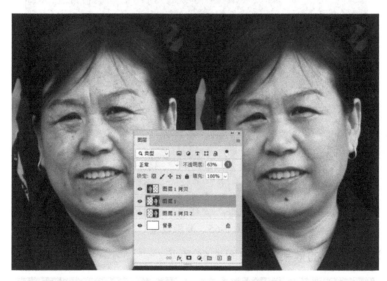

图 5-63　降低不透明度

4．修补人像法令纹

在人像精修中法令纹也是非常重要的修改部位，因为法令纹是非常影响人的精神状态。修法令纹使用修补工具。

（1）把原始图像复制到一个新的图层上，使用修补工具把法令纹位置圈起来，然后移到相近的地方，如图 5-64 所示。这样直接修补过于平整，看起来比较假。这跟皱纹一样，并不是没有就是最好的效果。

（2）上一步完成后先别取消选区，执行"编辑"→"渐隐修补工具"命令，出现一个不透明的选择（图 5-65），不透明度为 0 的是原图效果，100%的为修补后的效果。如果是变淡而不是全部去掉，不透明度调整到 50%～60%为比较好的效果，也可以根据年龄需要按照所见效果进行调整。这种方法也可以用在泪沟的修补上。

图 5-64　法令纹修补

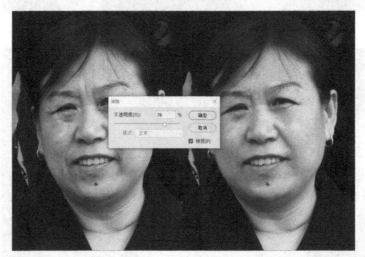

图 5-65　渐隐设置

(3) 法令纹修补前后的效果对比如图 5-66 所示。

彩图 5-66

图 5-66　法令纹修补前后效果对比

5．去除水印

互联网中的很多素材图片都被加上了各种各样的水印，使用的时候需要去除这些水印。

方法一：使用魔棒工具去除水印

（1）打开一个带水印的图片。按 **Ctrl+J** 键复制带水印图片到新图层（图 5-67 中①），选择魔棒工具（图 5-67 中②），将它的容差值调低一点，这里将其调到了 10（图 5-67 中③），让识别的准确率高一点。调好后，将鼠标指针移到图片的水印上，按住 Shift 键加选水印，在这里要细心一点，如果选错了，就按 Alt 键减选。

图 5-67　去除水印

（2）用魔棒工具选好水印之后，执行"选择"→"修改"→"扩展"命令，弹出"扩展选区"对话框之后，扩展量输入"2"，然后单击"确定"按钮，这样可以扩展选区边缘线。

（3）执行"编辑"→"填充"→"内容识别"命令，最终效果对比如图 5-68 所示。

图 5-68　最终效果对比

　　方法二：使用仿制图章工具去除水印。

　　(1)复制图片到新的图层，使用仿制图章工具，按 Alt 键在签名周围(图 5-69 中①)找到合适的仿制源。

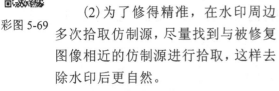
彩图 5-69

　　(2)为了修得精准，在水印周边多次拾取仿制源，尽量找到与被修复图像相近的仿制源进行拾取，这样去除水印后更自然。

图 5-69　仿制图章工具去水印

6. 重复排列的图案背景

　　(1)新建文件。

　　(2)新建透明图层，使用多边形选框工具，设置边为 5(图 5-70 中①)，选中"星形"复选框(图 5-70 中②)，绘制五角星基本元素。

　　(3)用矩形选框工具选中五角星，执行"编辑"→"定义图案"命令，给基本图案命名为"星星"(图 5-71)。

图 5-70　设置五角星

图 5-71　定义图案名称

　　(4)新建图层，执行"图层"→"图层样式"命令，选中"图案叠加"复选框(图 5-72

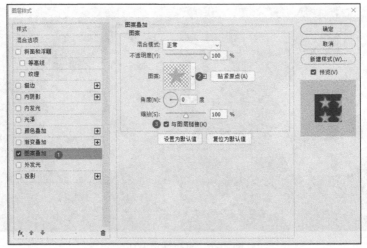

图 5-72　设置图层样式

中①)，调出定义的图案(图 5-72 中②)，用定义的图案来填满图层或者图形。选中"与图层链接"复选框(图 5-72 中③)，是否选中"与图层链接"复选框决定图案与图层(图形)是否共同移动。

(5)选择画笔工具，调整笔刷大小，参照图 5-73 效果在画面涂抹即可。

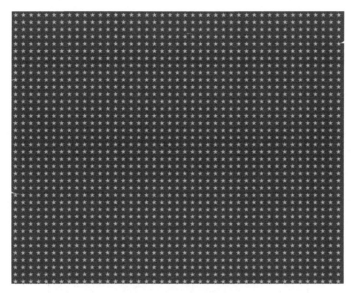

图 5-73　图案背景

7．自制酷炫画笔

(1)新建一个文件。

(2)新建一个空白图层，设置画笔，选择常规画笔为 2 像素。用钢笔工具创建一条曲线路径并右击，在弹出的菜单中选择"描边路径"命令，选择画笔工具进行描边(图 5-74)。

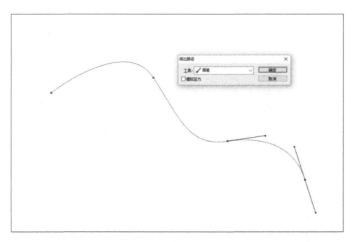

图 5-74　创建曲线线条

(3)关闭背景，在线条图层定义笔刷，执行"编辑"→"定义画笔预设"命令，给画笔命名为"线条"(图 5-75)。

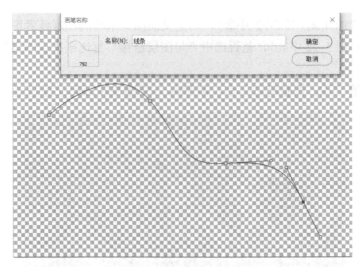

图 5-75　定义线条笔刷

(4) 使用画笔工具，选择定义的线条笔刷，打开"画笔设置"面板，调整笔尖形状，间距设置 1%，选中"形状动态"复选框（图 5-76 中①），设置"控制"为渐隐 300（图 5-76 中②）。

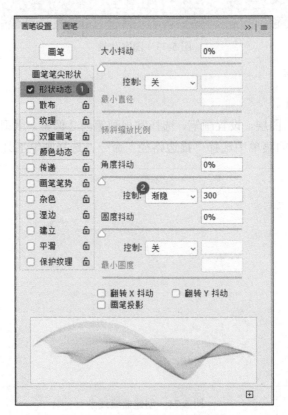

图 5-76　设置画笔笔尖形状动态

(5) 新建一个图层，给画笔选择一种颜色，就可以绘制酷炫线条，酷炫线条效果如图 5-77 所示。

图 5-77　酷炫线条效果

8. 制作背景纹理

（1）新建一个 3cm×3cm 的透明背景文件，找一个云纹图形复制到文件中，执行"编辑"→"定义图案"命令，命名为"云彩"，如图 5-78 所示。

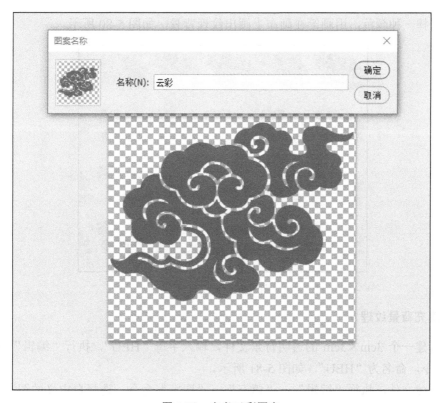

图 5-78　定义云彩图案

（2）新建一个文件，单击画笔工具，在"画笔设置"面板中选中"纹理"复选框（图 5-79 中①），选择云彩纹理（图 5-79 中②）。不选中"为每个笔尖设置纹理"复选框，设置模式为"减去"（图 5-79 中③）。

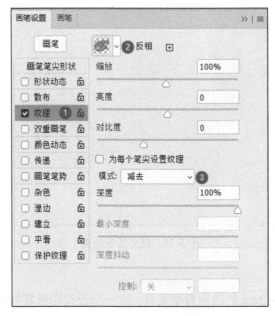

图 5-79　调整画笔设置

（3）选择一种颜色，用画笔在画布上画出纹理背景，如图 5-80 所示。

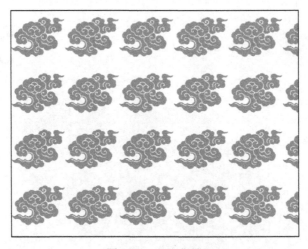

图 5-80　云纹背景

9．填充背景纹理

（1）新建一个 3cm×3cm 的透明背景文件，输入字母"HEU"，执行"编辑"→"定义图案"命令，命名为"HEU"，如图 5-81 所示。

（2）新建文件，执行"编辑"→"填充"→"图案"命令，选择自定义的图案"HEU"（图 5-82 中①），选中"脚本"复选框，选择"随机填充"选项（图 5-82 中②）。

图 5-81　定义 HEU 图案　　　　　　　　　图 5-82　随机填充

(3)调整随机填充设置，参照图 5-83 调整密度、缩放系数、颜色随机性、亮度随机性参数，得到一个理想的背景纹理。

图 5-83　调整随机填充参数

(4)最终背景纹理效果如图 5-84 所示。

图 5-84　背景纹理效果

第 6 章　Photoshop 核心工具与实战应用

6.1　渐　变　工　具

6.1.1　渐变基础操作

渐变是一种特殊的填充方式，一种颜色逐渐过渡到另一种颜色，达到两种或者两种以上颜色的过渡效果。它不仅可以填充图形，还经常用来填充图层蒙版、快速蒙版和通道等。

1. 预设效果

Photoshop 软件自带的渐变预设效果（图 6-1）方便初学者使用。常用的基础预设效果有前景色到背景色渐变、前景色到透明、黑白渐变，预设中还有按照颜色类型划分的设定好的渐变效果，可以直接选定使用。前景色与背景色由工具箱下面的颜色拾色器选取得到。

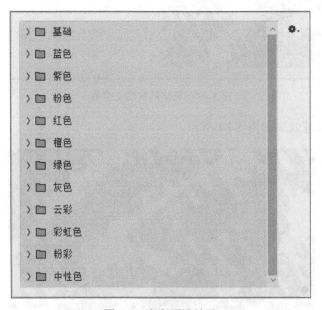

图 6-1　渐变预设效果

2. 渐变样式

渐变样式（图 6-2）决定了渐变的过渡方式，线性渐变是以直线的方式创建从起点到终点的渐变。径向渐变是以圆形方式创建从起点到终点的渐变。角度渐变是创建围绕以起点开始逆时针方向扫描的渐变。对称渐变是使用对称均衡的线性渐变在起点的任意一侧创建渐变。菱形渐变是以菱形方式从起点向外产生渐变，终点定义菱形的一个角。根据设计需要使用相应的渐变样式，可以达到事半功倍的效果。

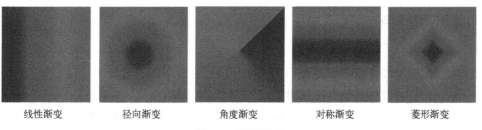

| 线性渐变 | 径向渐变 | 角度渐变 | 对称渐变 | 菱形渐变 |

彩图 6-2

图 6-2　渐变样式

3．其他设置

"模式"（图 6-3 中①）用于设置渐变时所采用的混合模式。"不透明度"（图 6-3 中②）用于设置渐变色的不透明度。"反向"（图 6-3 中③）用于得到和原来相反方向的颜色渐变结果。"仿色"（图 6-3 中④）用于让渐变效果更加平滑，可以防止在打印渐变图像时出现条带状的结果。"透明区域"（图 6-3 中⑤）用于创建从实色到透明色的渐变效果。

图 6-3　渐变工具属性栏

6.1.2　渐变编辑

渐变效果可以通过渐变编辑器自主编辑，单击渐变工具属性栏中的渐变预览按钮弹出"渐变编辑器"对话框（图 6-4）。编辑器中基本元素包括色标块（图 6-4 中①），双击色标块可在弹出的"识色器"中直接选择色标块颜色，或者单击下方的"颜色"选项（图 6-4 中⑥）直接选择颜色。渐变条最基本的构成为色标起点（图 6-4 中④）、色标终点（图 6-4 中⑤）和颜色渐变分界线（图 6-4 中②）。在渐变条下方单击鼠标左键可直接添加色标块，可以通过在"位置"文本框中（图 6-4 中⑦）输入数值来编辑色标块具体位置。删除色标块时直接选中色标块，然后单击"删除"按钮（图 6-4 中⑧）即可。可单击编辑条上方色标块（图 6-4 中③）激活再设置颜色的不透明度。自主编辑完渐变样式后，可以通过单击"新建"按钮（图 6-4 中⑨）将其保存到预设中，下次使用时可以在预设中直接调取。

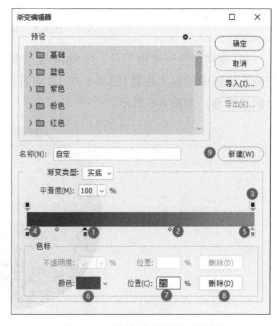

图 6-4　"渐变编辑器"对话框

6.1.3　实战应用

1．制作素描圆球

(1)新建文件。

(2)编辑渐变类型，素描就是黑白灰关系，使用渐变工具设置好黑、白、灰三个色标的位置，素描的变化规律是高光-亮灰调-明暗交界线-暗灰调-反光。高光使用白色色标(图6-5中①)，明暗交界线使用黑色色标(图6-5中②)，反光使用灰色色标(图6-5中③)。渐变条上的三种色标位置摆放不要均等，黑色色标在75%位置(图6-5中④)。

图 6-5　编辑渐变条

(3)使用椭圆形选框工具，按 Shift 键绘制正圆形，使用渐变工具，选择径向渐变样式，在圆形选区中间偏上位置(图 6-6 中①)向右下方选区边缘拖出一个径向渐变，便可获得一个素描圆形，如图 6-6 所示。

图 6-6　素描球效果

2．制作素描圆柱

（1）新建一个文件，背景填充为蓝色。

（2）编辑渐变条，圆柱渐变使用四种颜色，分别为亮灰色（0%）、白色（29%）、黑色（87%）、暗灰色（100%），参照图 6-7 中①、②、③、④。注意渐变条上颜色的远近关系，亮灰色与白色近一些，黑色与暗灰色近一些。

图 6-7　编辑圆柱渐变

（3）新建一个透明层，使用矩形选框工具，绘制一个长方形，切换到渐变工具，选择线性渐变样式，在长方形选区中执行从左到右的线性渐变操作，如图 6-8 所示。

图 6-8　圆柱线性渐变

（4）新建一个透明层，以矩形宽度为大小绘制一个椭圆，让椭圆直径与圆柱宽边重合。在椭圆中填充 50%灰色，如图 6-9 所示。

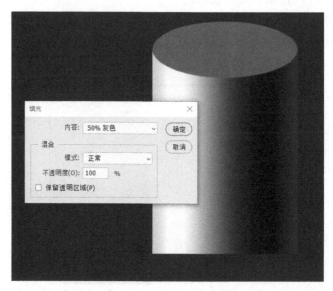

图 6-9　绘制圆柱椭圆面

（5）按 Alt 键复制椭圆到圆柱底部，按 Ctrl 键并单击该"椭圆"图层的缩略图激活下面椭圆的选区，切换到矩形选框工具，选择布尔运算中"添加选区"选项，用矩形选框工具选中圆柱上部分，矩形选区添加到下方椭圆的中间位置，如图 6-10 所示。

（6）执行"选择"→"反向"命令，在"图层"面板中选择"圆柱"图层，按 Delete 键删除多余部分，删除下部分"椭圆"图层，图 6-11 所示为最终效果。

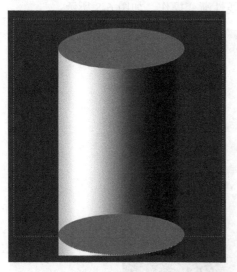

图 6-10　绘制圆柱底部圆弧

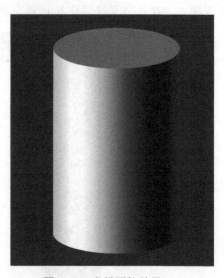

图 6-11　素描圆柱效果

3. 制作渐变背景

（1）新建一个文件。

（2）执行"视图"→"新建参考线版面"命令，设置行数为 4，列为 4，如图 6-12 所示。

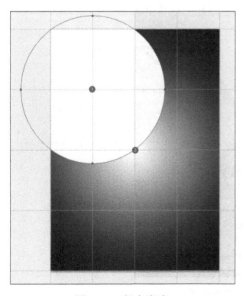

图 6-12　设置参考线版面

（3）使用渐变工具，执行白色-黑色的"径向渐变"命令，从画面中心点（图 6-13 中②）拖到任意一角，完成背景颜色的设置。使用椭圆工具以第一个交叉点（图 6-13 中①）为圆心拖出一个正圆形（Alt+Shift），使得圆的边缘刚好与画面中心点（图 6-13 中②）重合。

（4）新建一个图层，执行白色-黑色的"角度渐变"命令，从圆心拖到（图 6-14 中①）画面中心（图 6-14 中②）。在椭圆图层与"图层 1"中间（图 6-14 中③）按 Alt 键单击，即可添加剪切蒙版。

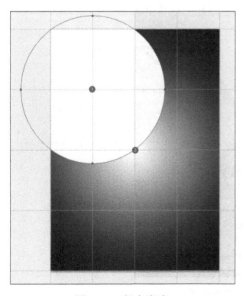

图 6-13　径向渐变

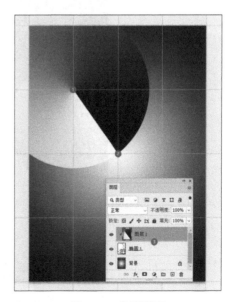

图 6-14　角度渐变

(5)合并上下两个图层后添加蒙版，执行白色-黑色的"径向渐变"命令，从圆心拖到画面中心(图 6-15 中①)，1/4 效果完成。

图 6-15　添加图层蒙版

(6)重复上面步骤，依次做四个这样的渐变效果，最终渐变背景效果如图 6-16 所示。

图 6-16　渐变背景效果

4．渐变映射图片调色

渐变映射与渐变不同，渐变是在一个图层上完成的，渐变映射是作用于其下图层的一种调整控制，它的对象必须有丰富像素的图层，空的图层上是无法使用的。根据图层像素的灰度极值去确定映射效果，简单地说，这种渐变映射是单纯地根据明暗去映射图层的工具，将不同的亮度映射到不同的颜色上，对于明暗对比较大的图片，效果非常明显。

（1）打开一幅图片。

（2）执行"图像"→"调整"→"渐变映射"命令，或者执行"图层"→"图层样式"→"渐变映射"命令（图 6-17），调出"渐变映射"面板。

（3）依照图片中色调的分析，按照图片色调风格调整渐变条颜色，最左边是暗调，中间是中间调，右边是亮调。首先将整个图片色调调整为绿偏蓝一点，让普通的绿色带有一种青色感觉。将渐变条编辑成"深蓝绿色"渐变到"浅蓝绿色"的样式（图 6-18）。调整黑白灰调色标块位置，让整个图片对比温和一些。

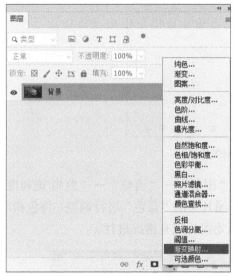

图 6-17　渐变映射图层样式

图 6-18　渐变条编辑

（4）调整完成后，通过降低图层不透明度来找到合适的色调效果，效果对比如图 6-19 所示。

彩图 6-19

图 6-19　效果对比（一）

5. 渐变工具调整图片

在一幅图片局部曝光过度的情况下，可以用蒙版与渐变将两个图层合成，创造出曝光完美的图片。

（1）打开一幅局部曝光过度的图片。

（2）复制该图片到两个图层上，上面图层命名为"天空"（图 6-20 中①），下面图层命名为"水面"（图 6-20 中②）。

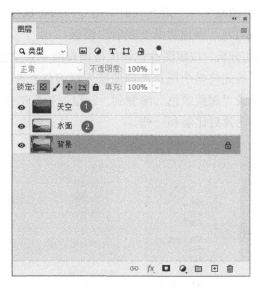

图 6-20　复制图片

（3）天空太亮，白云、蓝天缺少层次，执行"图像"→"调整"→"色相/饱和度"命令，打开"色相/饱和度"对话框（图 6-21），选择图片中的"蓝色"进行调整，将色相增加，饱和度增加，明度降低。各项数值调整要依据原始图片现有情况进行。

图 6-21　调整天空颜色

（4）水面太暗，执行"图像"→"调整"→"色相/饱和度"命令，选择青色，色相增加，饱和度增加，明度提高，如图 6-22 所示。应用不同的图片时，可以按照实际情况来调整，例如，依据明暗和图片的色彩需求来调整。

图 6-22　调整水面颜色

（5）在"天空"图层创建蒙版（图 6-23），执行黑色-白色的"线性渐变"命令，由上到下拖出一个黑白渐变效果。在蒙版状态下，黑色是透明，白色是保留，这样分别保留了"天空"图层的天，"水面"图层的水，效果对比如图 6-24 所示。

图 6-23　合成图层

图 6-24　效果对比

彩图 6-24

6.2　文字工具组

文字工具是 Photoshop 中常用的工具，文字工具组
（图 6-25）包含横排文字工具、直排文字工具、直排文字蒙
版工具、横排文字蒙版工具。

T	横排文字工具	T
↓T	直排文字工具	T
↓T̃	直排文字蒙版工具	T
T̃	横排文字蒙版工具	T

图 6-25　文字工具组

6.2.1　文字基础操作

1．基本设置

文字工具属性栏中字体（图 6-26 中①）、字号（图 6-26 中②）、字体颜色（图 6-26 中③）
等是最基本的设置。调整文字大小，可在图 6-26 中②处输入具体数值，也可以在文字图层
执行"自由变换"（Ctrl+T）命令，放大或者缩小文字。单击字体颜色框（6-26 中③），在弹
出的"拾色器"对话框中直接调整字体的颜色。单击"文字排版方向"按钮（图 6-26 中④），
可以自动切换横排文字与直排文字。"消除锯齿"（图 6-26 中⑤）控制文字的加强效果，包
含"无"、"锐利"、"犀利"、"浑厚"和"平滑"选项。文本对齐方式（图 6-26 中⑥）包括文
字的左对齐、居中对齐、右对齐三种。用"文字变形"选项（图 6-26 中⑦）调整文字方向、
弯曲、水平扭曲、垂直扭曲等参数。

图 6-26　文字工具属性栏

2．文本框输入文字

输入大段文字可采用文本框输入功能，方便调整排版。单击文字工具，在文件上拖动
创建一个文本框，将大段文字输入或者复制到文本框中。拖动文本框边界点可调整文字行、
列的排列（图 6-27），选中整段文字，按 Alt+↑键缩小行间距，按 Alt+↓键放大行间距，按
Alt+→键放大字间距，按 Alt+←键缩小字间距。

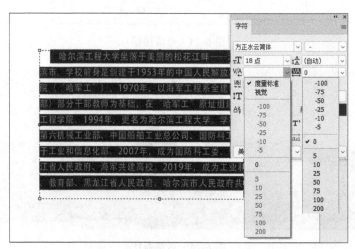

图 6-27　文本框输入

3. "字符"面板

执行"窗口"→"字符"命令，调出"字符"面板，如图 6-28 所示，进行相关参数的设置。这个浮动面板上除了上面介绍的这些功能外，还有字间距、行间距、两字间距等。调整文字的时候，应该先全部选中文字再做相应调整，否则调整的项目不会影响到文字。文字在"图层"面板中显示的是文字图层，一些 Photoshop 功能在文字图层是不能操作的，要将文字图层栅格化处理后再操作。

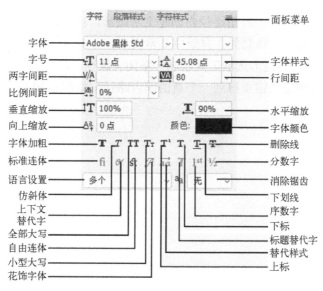

图 6-28　"字符"面板

6.2.2　文字蒙版工具

文字蒙版工具包括直排文字蒙版工具、横排文字蒙版工具，文字蒙版工具用来创建临时蒙版，提交后可以转换成文字形状的选区，在"图层"面板不会生成一个独立图层，它的作用是快速建立文字选区。用文本工具输入的字是实实在在的文字图层(图 6-29 中①)，

图 6-29　文字蒙版

使用文字蒙版工具输入的文字后得到的是文字的选区（图 6-29），在一个新建图层上，可以填充颜色让其真实存在，最后在"图层"面板显示为独立图层。

6.2.3　实战应用

1．区域文字设定

区域文字是使用文字工具在闭合路径中创建的位于闭合路径内的文字。使用"区域文字"功能可以在任何不规则的封闭路径内创建文字段落，在实际排版中让文字段落巧妙地和图像中的内容结合起来，该功能在排版中非常实用。

（1）新建一个文件，用矩形选框工具绘制一条闭合路径，在一端使用钢笔工具的"添加锚点"选项，然后向里拖动锚点得到一个新的闭合路径，如图 6-30 所示。

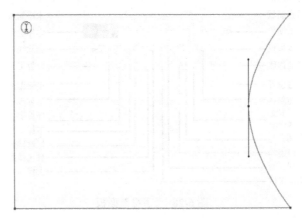

图 6-30　绘制闭合路径

（2）切换文字工具，选择横排文字工具，复制大段文字到闭合路径中，文字遇到路径边界就会换行，让大段文字适应路径形状排列。选中整段文字，调整字体、大小、颜色、行间距等参数，效果如图 6-31 所示。

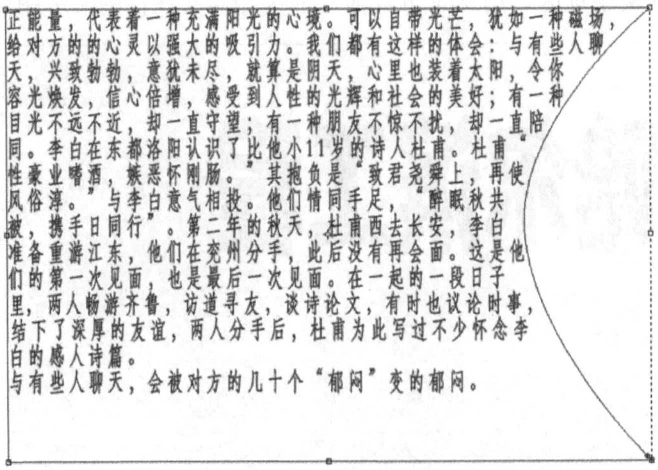

图 6-31　区域文字效果

2．折叠字

（1）新建一个文件，填充橘色。

（2）创建新图层，输入黑色文字"ENGINEERING"，按 Ctrl+J 键复制文字图层并将文字"ENGINEERING"填充白色，右击白色文字图层（图 6-32 中①），在弹出的菜单中选择"栅格化文字"命令，把文字图层转换成普通图层，文字效果如图 6-32 所示。

图 6-32　文字栅格化处理

（3）使用矩形选框工具将文字下半部分选中，按 Ctrl+Shift+J 键将下半部分文字剪切到新图层，按 Ctrl+T 键后右击，在弹出的菜单中选择"斜切"命令，将文字下半部分倾斜移动一定角度，如图 6-33 所示。

（4）重复步骤（3），将上半部分文字也处理斜切效果，如图 6-34 所示。

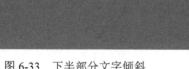

图 6-33　下半部分文字倾斜　　　　　　　　图 6-34　上半部分文字倾斜

（5）选择渐变工具，编辑一个背景色（橘色）到白色渐变，按 Ctrl 键的同时单击下半部分文字图层调出选区，执行从中间向下的线性渐变操作。按 Ctrl 键的同时单击上半部分文字图层调出选区，执行从中间向上的线性渐变操作，效果如图 6-35 所示。

（6）选择黑色文字图层，降低不透明度。链接背景图层以外的图层，按 Ctrl+T 键将文字旋转一定角度，效果如图 6-36 所示。

图 6-35　线性渐变效果

图 6-36　折叠字最终效果

3．故障风格字

(1)新建一个黑色背景。

(2)输入文本,文本属性选择倾斜,右击文字图层,在弹出的菜单中选择"栅格化文字"命令将文字图层变成图像图层并命名为"图层 1",按 Ctrl+J 键复制一层并命名为"图层 2"。

(3)在"图层 1"上添加图层样式,在"图层样式"对话框中,"高级混合"选项去除 R 通道,选择 G、B 通道(图 6-37),在"混合选项"选择"外发光",在"图素"选项组中设置"方法"为"柔和",大小为 10 像素,具体设置参照图 6-38。按 Ctrl+→键使其移动两格。

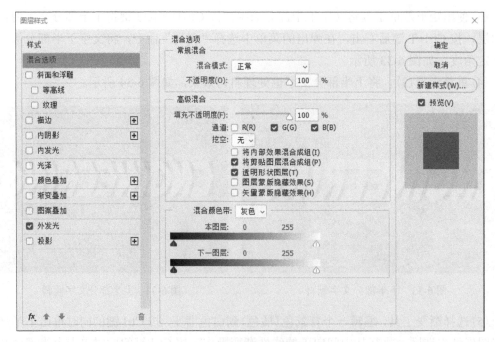

图 6-37　混合选项设置

(4)在"图层 2"上添加图层样式,如图 6-39 所示。在"图层样式"对话框中的"高级混合"选项不选 G 通道,选择 R、B 通道,"混合选项"选择"外发光",在"图素"选项组中设置"方法"为"柔和",图素大小为 10 像素。按 Ctrl+←键使其移动两格。

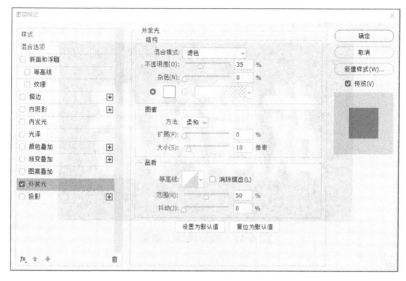

图 6-38　外发光设置

图 6-39　"图层 2"样式设置

（5）把"图层 1"和"图层 2"合并为"图层 3"，复制一层为"图层 4"。在"图层 3"上用矩形选框工具，从上到下依次在文字上框选多个选区。然后在"图层 3"上执行"滤镜"→"风格化"→"风"命令，效果如图 6-40 所示。

图 6-40　合并图层复制后的风滤镜效果

(6) 最终效果如图 6-41 所示。

彩图 6-41

图 6-41 故障风格字效果

4．折角字

(1) 新建一个文件，填充黑色，输入文字，按照需要调整字体和大小。

(2) 新建图层作为渐变图层，按 Alt 键在渐变图层与文字图层中间单击创建剪切蒙版，把上下两个图层合并，效果如图 6-42 所示。

图 6-42 剪切蒙版

(3) 选择多边形套索工具(钢笔工具)框选字母的一部分(作为折叠部分)，按 Ctrl+X 键剪切，按 Ctrl+V 键粘贴出折叠局部。执行"编辑"→"变换"→"垂直翻转"命令，将剪切的局部文字垂直翻转，执行"编辑"→"变换"→"水平翻转"命令，将剪切的局部文字再水平翻转一次，调整位置让折叠线吻合，效果如图 6-43 所示。

图 6-43 折角字处理

（4）双击折叠图层调出"图层样式"对话框，选择"投影"复选框，参考图 6-44 所示进行设置。

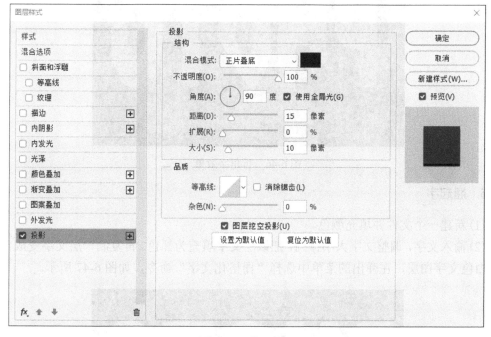

图 6-44 阴影设置

（5）按照以上操作依次做出每个字母的折角效果。单击文字图层，执行"图像"→"调整"→"色相/饱和度"命令，设置参考图 6-45 所示提高饱和度，降低明度。

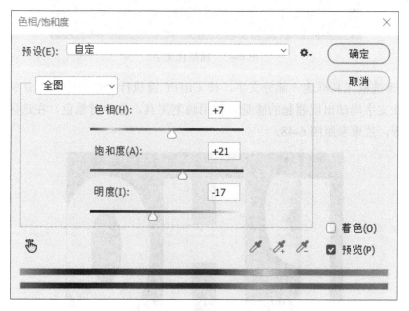

图 6-45 调整色相/饱和度

（6）最终完成效果如图 6-46 所示。

图 6-46　折角字效果

5. 翘起字

(1) 新建一个文件并填充颜色。

(2) 输入文字，调整文字大小排列，把该层文字填充为黑色。再复制一层文字变成白色。右击白色文字图层，在弹出的菜单中选择"栅格化文字"命令，如图 6-47 所示。

图 6-47　栅格化文字

(3) 用矩形选框工具框选一部分文字，按 Ctrl+T 键执行"自由变换"命令，按 Ctrl 键变换角度，让文字局部出现翘起的感觉。使用画笔工具，选中背景色，在选区边缘折叠位置画一个阴影，效果参照图 6-48。

图 6-48　文字局部翘起效果

(4)照以上步骤依次对文字做翘起效果，如图 6-49 所示。

彩图 6-49

图 6-49 翘起字效果

6. 立体浮雕字

(1)新建一个文件，复制背景图层。

(2)执行"图层"→"图层样式"→"渐变叠加"命令（图 6-50 中①），在渐变设置（图 6-50 中②）中编辑一个浅红-深红的径向渐变（图 6-50 中③）效果。普通渐变层可以随意编辑，随意定渐变位置、渐变区域，而渐变叠加的渐变位置和区域都是针对整个图层的。渐变叠加很人性化，用户根据参数即可预览到实时效果。

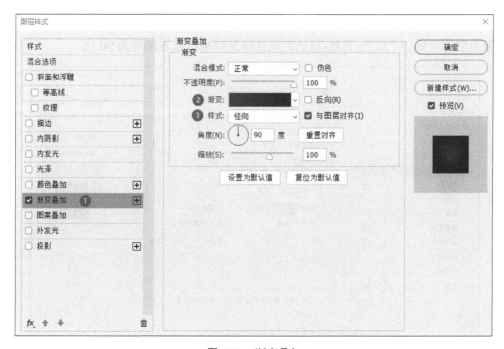

图 6-50 渐变叠加

(3)用文字工具输入需要的文字，调整字体、大小、位置，颜色为白色。执行"图层"→"图层样式"→"斜面和浮雕"命令。斜面和浮雕的结构与阴影参数设置参照图 6-51，选择样式为"外斜面",选择方法为"雕刻清晰",设置深度为 100%,设置大小为 24 像素,设置软化为 6 像素,选择高光模式为"叠加"白色,选择阴影模式为"正片叠底"红色。在实际应用中可参照预览图效果调整各项参数。

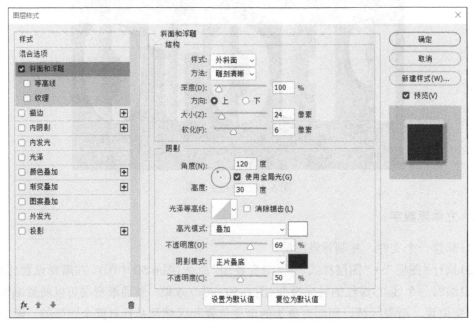

图 6-51　浮雕设置

(4)执行"图层样式"→"描边"命令,具体参数设置如图 6-52 所示,调整大小,填充类型为渐变,做一个红色-黄色-白色的线性渐变效果,设置角度为 90 度。

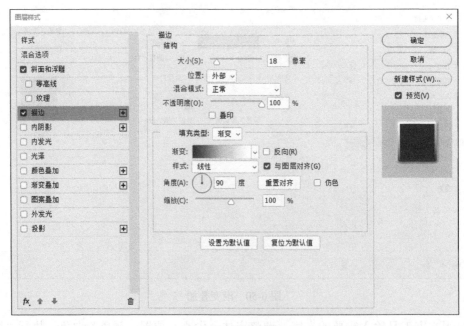

图 6-52　描边设置

(5)选择"图层样式"对话框中的"内阴影"复选框，具体参数参考图 6-53，设置混合模式为滤色，不透明度为 50%。

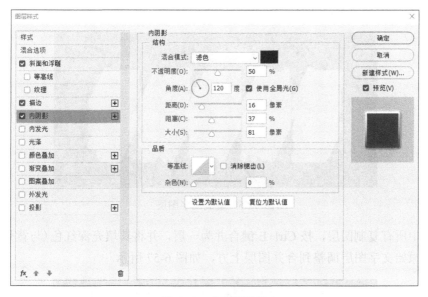

图 6-53　内阴影设置

(6)最终效果如图 6-54 所示。

图 6-54　立体浮雕字效果

7．立体阴影字

(1)新建一个文件，添加红色背景，输入文字，编辑文字字体、字号、位置，按照需求来调整，效果参照图 6-55。

图 6-55　输入调整文字

（2）按 Ctrl+J 键复制文字图层，执行"自由变换"命令（Ctrl+T），使用键盘方向键↓、→将文字向下、向右移动。然后按 Ctrl+Shift+Alt+T 键，多次重复按 Ctrl+Shift+Alt+T 键的操作，得到厚的文字效果，效果如图 6-56 所示。

图 6-56　复制文字图层

（3）选中所有复制图层，按 Ctrl+E 键合并为一层，并将其填充深红色（与背景红色要有区别）。将原始文字图层调整到合并图层上方，如图 6-57 所示。

图 6-57　调整文字色彩

（4）选中投影图层，创建一个蒙版，用渐变工具创建一个黑色-灰色的线性渐变效果。给最上面的文字添加一个浮雕效果，最终效果如图 6-58 所示。

彩图 6-58

图 6-58　立体阴影字效果

8．文字叠加效果

（1）新建一个文件，新建一个红色背景图层，添加文字"这就是街舞"，让每个字在一个独立图层上，调整文字的各种参数。为了能够有前后层次，让文字之间产生一点叠加效果（图 6-59）。

图 6-59　调整文字位置

（2）在第一个文字下方新建一个图层，按 Alt 键在"就"图层和新建图层中间创建剪切蒙版，在"就"字左边做个选区，创建红色-透明的线性渐变效果。给透明图层一个正片叠底，执行"滤镜"→"模糊"→"高斯模糊"命令，让阴影柔和一些。如果立体感和层次感不够，可以把剪切蒙版复制一层。效果如图 6-60 所示。

图 6-60　创建渐变剪切蒙版

（3）以此类推，把其他文字都做成层次叠加效果。注意，可以把做好的剪切蒙版复制到其他文字下方，最终效果如图 6-61 所示。

图 6-61　文字叠加效果

彩图 6-61

9．断层字

（1）新建文件。

（2）输入文字，将其填充红色。按 Ctrl 键并单击文字图层缩略图，调出文字选区，效果如图 6-62 所示。

图 6-62 调出文字选区

（3）选择多边形套索工具，选择"布尔运算中"→"交集"命令，选中文字上半部分。创建新图层并填充黄色，效果如图 6-63 所示。

图 6-63 局部填色

（4）对"黄色"图层执行"图层"→"图层样式"命令，按照图 6-64 所示参数来设置。

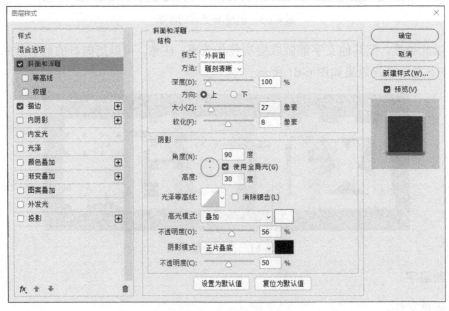

图 6-64 图层样式设置

（5）最终效果如图 6-65 所示。

图 6-65　断层字效果

10. 涂抹艺术字

(1)新建一个文件，填充黑色。

(2)输入文字，按 Ctrl 键并单击文字图层缩略图调出文字选区，在"路径"面板下单击"从选区生成工作路径"按钮(图 6-66 中①)，得到文字形状的路径。删除文字图层，效果如图 6-66 所示。

图 6-66　创建文字路径

(3)在"路径"面板中双击"工作路径"，存储路径。设置如图 6-67 所示。

图 6-67　存储路径

（4）拖入一幅色彩鲜艳的素材图。新建一个图层，选择涂抹工具，设置硬边缘画笔，硬度为 90%，角度为 30°。选择"对所有图形选样"复选框（图 6-68 中①、②、③、④）。用钢笔工具右击"工作路径"在弹出的菜单中选择"描边路径"命令，在描边路径工具组选择涂抹工具，选择"模拟压力"复选框，执行"描边路径"命令。

图 6-68　涂抹工具描边路径

（5）关闭彩色图片图层，最终效果如图 6-69 所示。

彩图 6-69

图 6-69　涂抹艺术字效果

6.3　钢笔工具组

6.3.1　钢笔工具

1．钢笔工具属性栏

钢笔工具是典型的矢量绘图工具和路径绘制工具，也是一个非常强大的抠图工具。

钢笔工具最擅长绘制的是曲线和路径，因为其有灵活调整的功能，自由形状绘制都会变得非常简单。钢笔工具绘图(图 6-70 中①)包含创建形状、路径、像素三种模式。形状模式画出路径后会自动填充前景色，绘制的图形是实心的。路径模式如同选区，它只是辅助制图的矢量工具，并不是实际图形，绘制出来的图形需要填充才能显示。它主要用于建立选区，创建矢量图形。像素模式应用得不多，只有在选择图像工具时才能使用。形状模式与路径模式绘制的都是矢量图，像素模式绘制的是位图。路径、形状的"布尔运算"功能(图 6-70 中②)参考前面选区的"布尔运算"功能，是两个以上图形、路径通过运算得到新的图形和路径方法。"对齐""分布"(图 6-70 中③)选项的设置参照选区工作组的对齐、分布方法，在这里就不重复介绍。"叠放次序"选项(图 6-70 中④)用于调整形状和路径的上下层位置，搭配布尔运算可以实现形状和路径的自由组合。"路径"选项(图 6-70 中⑤)用于调整路径的粗细、颜色、橡皮带，绘制图形时方便显现路径。选择"橡皮带"复选框，绘制路径时会显现路径走向，可以直观地查看绘制效果。选择"自动添加/删除"复选框(图 6-70 中⑥)，单击路径上的锚点会自动转换为删除锚点样式；单击路径线会自动转换为添加锚点的样式。

图 6-70　钢笔工具属性栏

2. 添加/删除路径

路径是基于贝塞尔曲线建立的矢量图，所有使用绘图软件或适量绘图工具制作的线条原则上都可称为路径。路径模式即在画布上连续单击可绘制出一条折线或者曲线，当路径的终点与起始点闭合的时候即可获取到一个闭合的路径。一条完整的路径由锚点(图 6-71 中①)、路径(图 6-71 中②)、控制手柄(图 6-71 中⑥)构成。在路径上的锚点可分为无曲率调节杆的锚点(图 6-71 中③)、对称曲率调节杆的锚点(图 6-71 中④)、不对称曲率调节杆的锚点(图 6-71 中⑤)。无曲率调节杆的锚点两端线是直线，路径如果用这样的点组成就会出现折线效果。对称曲率调节杆的锚点两端曲率变化是对称的，不对称曲率调节杆的锚点两端曲度变化是不同的，调节杆(图 6-71 中⑥)长的曲率平缓，调节杆短的曲率陡峭，这两种带调节杆的锚点可以自由调整路径走势。在一条路径上，鼠标指针移到路径线上光标旁就会出现一个"+"号，便可在路径上添加一个锚点。当鼠标指针移动到锚点上时光标旁就会出现"−"号，便可删除路径上的锚点，参照图 6-72。

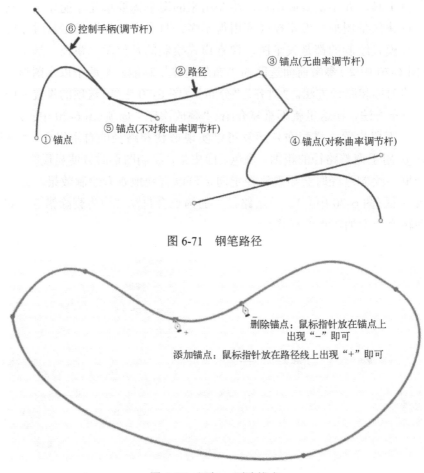

图 6-71　钢笔路径

图 6-72　添加、删除锚点

3．填充/描边路径

利用路径工具绘出形状，通过填充、描边路径才能获得形状。使用钢笔工具在路径上右击，在弹出的菜单上执行"填充路径"→"描边路径"命令。在工具箱拾色器中选择填充、描边的颜色，描边的粗细由画笔大小控制，选择"模拟压力"复选框让线条产生压感(图 6-73)，线条有粗细变化。

图 6-73　描边路径

6.3.2　转换点工具

转换点工具用于转换形状或路径上锚点的类型，是角点和平滑点相互转换的工具。通过 Alt 键实现角点和平滑点自由切换，按 Alt 键在角点上拖动控制手柄，按 Alt 键在平滑点上单击将其转换为角点。按 Alt 键可以调节单个调节杆的长度、方向。使用快捷键 Ctrl+鼠标左键可以移动锚点(调节点)，按 Shift 键并单击可以创建新的水平(垂直)锚点，按 Ctrl+Alt 键并单击选中所有锚点。

6.3.3　自由钢笔工具

自由钢笔工具像套索工具一样可以在画布上自由绘制路径曲线。锚点是自动被添加的，绘制完后再做进一步的调节。自动添加锚点的数目由自由钢笔工具选项栏中的曲线拟合(图 6-74 中①)决定，其值越小，自动添加锚点的数目越大，反之则越小。曲线拟合的范围是 0.5~10 像素。选择"磁性的"复选框，自由钢笔工具将转换为磁性钢笔工具，"磁性的"复选框用来控制磁性钢笔工具对图像边缘捕捉的敏感度。宽度是磁性钢笔工具所能捕捉的距离，范围为 1~40 像素；对比是图像边缘的对比度，范围为 0~100%；频率决定添加的锚点的密度，范围为 0~100。

图 6-74　自由钢笔曲线拟合设置

6.3.4　弯度钢笔工具

弯度钢笔工具是一个非常便利的工具，在画布上任意添加锚点，锚点间会自动形成带曲度的路径。把鼠标指针放到任意锚点上就可以移动锚点位置并改变曲线。只要用弯度钢笔工具在路径上单击就可以控制锚点，选定锚点按 Delete 键删除锚点。使用弯度钢笔工具在曲线路径上双击锚点，该锚点就会变成无曲度的直线。同样，再次双击该锚点，它就可以转换为带曲度的锚点。这个 Photoshop 2018 版新开发的弯度钢笔工具是曲线绘制利器，对新手非常友好，画出的曲线自然圆滑，调整路径方便快捷。

6.3.5　路径选择工具组

绘制矢量形状，需要对路径或锚点的位置进行调整，由于路径是脱离图层而存在的，无法用选择图层的方式来选中它，因此就有了专为路径而生的选择工具。路径选择有路径选择工具和直接选择工具两种方式，如图 6-75 所示。

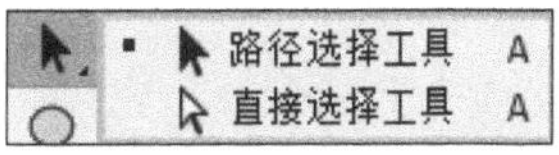

1. 路径选择工具

路径选择工具俗称黑箭头，使用路径选择工具单击路径可

图 6-75　路径选择工具组

以将路径选中，如果有多条路径，按住 Shift 键并单击多个路径可以依次选中多条路径。如

果绘制一个形状图层，可以使用路径选择工具或移动工具将其选中并移动。值得注意的是，使用路径选择工具选中的是该形状的路径，而使用移动工具选中的是该形状的图层。在选择路径时，必须用路径选择工具；而选择非矢量图层时，只能使用移动工具。

2．直接选择工具

直接选择工具俗称白箭头，可以直接选择路径上的单个或多个锚点，并移动已选中的锚点，还可以调整方向线，改变锚点两边路径的弧度。使用直接选择工具选中单个锚点后，按住 Shift 键并单击多个路径可以依次选中多个锚点；或者用白箭头框选多个锚点，便可同时选中多个锚点。在使用其他工具时，按住 Ctrl 键可直接将当前工具转换为直接选择工具。

3．"路径"面板

"路径"面板用来储存、管理及调用路径，在面板中显示了储存的形状路径、工作路径及矢量蒙版的名称和缩略图。执行"窗口"→"路径"命令，打开"路径"面板，如图 6-76 所示。

图 6-76 "路径"面板

6.3.6 实战应用

1．沿路径打字

(1)新建一个文件，用钢笔工具先绘制一条路径，这条路径的形状和延伸方向决定了下一步路径文字的方向，如图 6-77 所示。

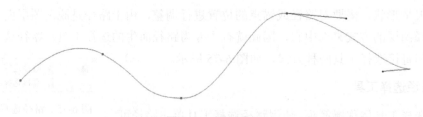

图 6-77 绘制路径

（2）选择横排文字工具，在选项栏中设置文字的字体、字号、颜色等属性，将光标移动到路径的一端，当光标与路径垂直时单击路径，确定了文字的起点后输入文字，文字就会随着路径的方向进行排列（图 6-78）。然后单击选项栏上的"√"按钮完成路径文字的制作。

图 6-78　路径文字

如果输入的文字在路径上显示不全，按住 Ctrl 键，将光标移动到路径上带"+"的圆圈处，此时光标变成了带"向左方向小箭头"的标识，沿着路径方向向另一端拖动，随着光标的移动，文字会逐个显现出来。想要调整路径文字的位置，按住 Ctrl 键并单击路径上文字的起始位置，此时光标变成了带"向右方向小箭头"的标识，沿着路径方向往另一端拖动，路径文字的位置就被改变了。改变方向需要按住 Ctrl 键，并将光标移动到文字起始位置，向路径的垂直方向拖动到另一侧，即可将路径上的文字从下面转化到上面或者从上面转化到下面。

2. 绘制古风线条

（1）新建一个文件，填充一个红色图层。

（2）使用圆角矩形工具，在圆角矩形工具属性栏中选择形状模式，将"填充"选项设置为无颜色，"描边"选项设置为 3 像素（粗细按个人需要设定），绘制一个圆角矩形条（图 6-79）。圆角弧度设置得圆滑一些（按个人需要设定）。

图 6-79　绘制圆角矩形线条

（3）利用钢笔工具下的删除锚点工具把不需要的锚点删除掉。按 Ctrl+J 键进行复制。对复制的图形执行"编辑"→"变换"命令，做水平、垂直翻转各一次，错位移动该线条（图 6-80），用钢笔工具把断开的线条连接上。

图 6-80　复制翻转线条

(4)按 Ctrl+J 键复制以上图形，进行错位移动，调整形状，用钢笔工具补全线条，请参照图 6-81 操作。

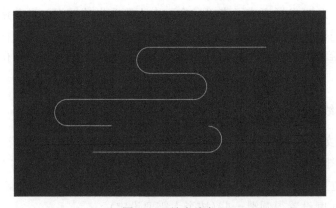

图 6-81　补全线条

(5)复制带弯度的四组线条，按 Ctrl+T 键进行自由变换，按住 Shift 键水平缩放线条，让带弯度的线条增加层次(图 6-82)。如果移动中发现线条衔接不好，可以按 Ctrl 键并拖动锚点进行微调，使线条衔接流畅自然。

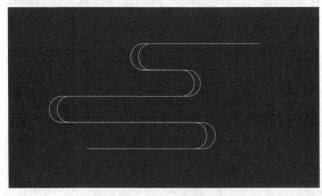

图 6-82　增加古风线条层次

(6)合并全部线条图层,把该线条组当成一个素材。关闭线条图层以外的图层,按 Ctrl + Alt + Shift + E 键盖印图层,盖印图层会保留原始分层并在上面形成一个单独的合并图层。复制合并盖印图层(图 6-83),按照需要进行复制。

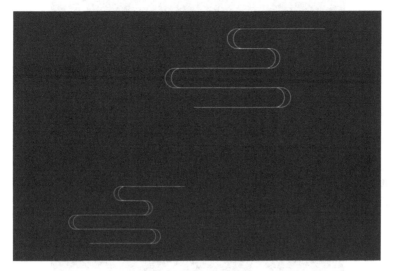

图 6-83　古风线条

3．绘制古风边框

(1)新建一个文件,填充红色。

(2)执行"视图"→"显示"→"网格"命令,利用网格做参照绘制想要的边框,如图 6-84 所示。

图 6-84　利用网格绘制边框

(3)使用路径选择工具(黑箭头)将绘制的所有路径全部选中,按 Ctrl+T 键执行"自由变换"命令缩小路径。按 Alt 键并拖动路径执行"复制并移动"命令。执行"编辑"→"变换路径"→"水平翻转"命令,得到一条对称的路径,效果如图 6-85 所示。

图 6-85　复制边框路径

（4）按 Alt+Shift 键复制路径，执行"编辑"→"变换路径"→"垂直翻转"命令，用钢笔工具把路径连接上，请参照图 6-86 效果。

图 6-86　连接路径

（5）新建图层，选择铅笔工具，将硬度调至 100%。全选路径，右击路径，在弹出的菜单中选择"描边路径"命令，选择铅笔工具，取消选择"模拟压力"复选框（图 6-87），单击"确定"按钮。

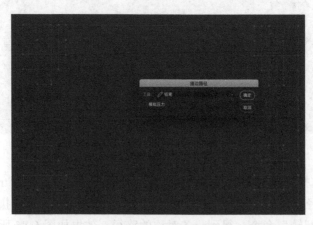

图 6-87　取消选择"模拟压力"复选框

（6）古风边框效果如图 6-88 所示。

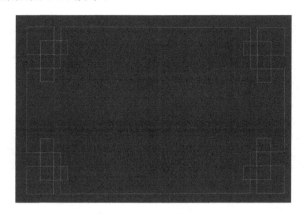

彩图 6-88

图 6-88　古风边框效果

4．绘制古风线条纹理

（1）新建一个文件，填充红色。

（2）创建新图层，使用弯度钢笔工具，绘制"山"形路径。右击路径，在弹出的菜单中选择"描边路径"命令，如图 6-89 所示。选择画笔工具描边，然后删除路径。

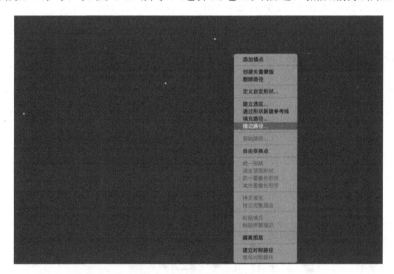

图 6-89　绘制曲线线条

（3）复制图层，按 Ctrl+T 键进行自由变换，调整中心点，等比缩小，如图 6-90 所示。

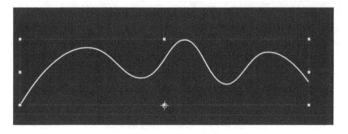

图 6-90　缩小线条

(4)按 Ctrl+Alt+Shift+T 键复制移动多条线条，效果如图 6-91 所示。

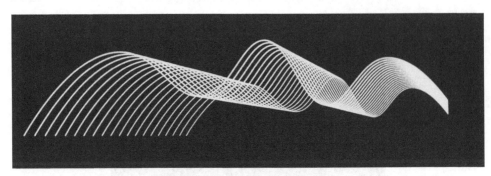

图 6-91　重复复制移动古风线条

6.4　形状工具组

形状工具组是 Photoshop 核心绘制工具，包括矩形工具、圆角矩形工具、椭圆工具、多边形工具、直线工具、自定义形状工具(图 6-92)。形状工具组看似与前面选择工具组类似，实则有很大的不同，用形状工具组绘制图形是矢量，无限放大不会虚、模糊。形状工具的属性栏与钢笔工具的属性栏类似，可以参照钢笔工具。

图 6-92　形状工具组

6.4.1　形状工具绘制类型

用形状工具在进行绘制时，有形状、路径、像素三种模式。形状模式(图 6-93 中①)是带颜色的显性矢量图形，直接放大缩小不失真。路径是隐性矢量路径(图 6-93 中②)，不执行"填充路径"和"描边路径"命令，工作路径不会显现在"图层"面板上，路径管理在"路径"面板上，路径可以转化为选区，选区也可以转化为路径。像素模式(图 6-93 中③)必须在位图图层才能绘制，在形状图层无法操作，像素模式与形状模式不同，图形放大会失真。

图 6-93　形状工具绘制类型

6.4.2　填充/描边设置

在形状工具属性栏中"填充"选项(图 6-94 中①位置)包含无颜色、单色、渐变、图案四个设置。"描边"选项包含无颜色、单色、渐变、图案四个设置,用于设置描边的粗细,数值越大描边越粗。"描边选项"样式(图 6-94 中②位置)有三种形式,一种直线,两种虚线;可以对描边的对齐、端点和角点进行设置;单击"更多选项"按钮,在弹出的"描边"对话框(图 6-94 中③)中创建新的描边类型,具体请参照图 6-95。

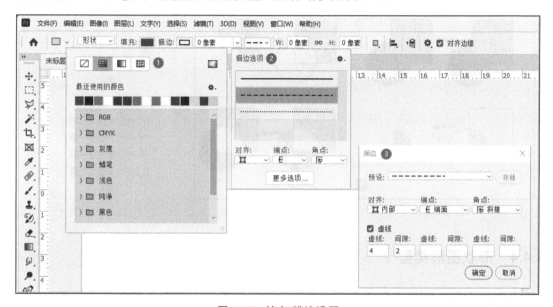

图 6-94　填充/描边设置

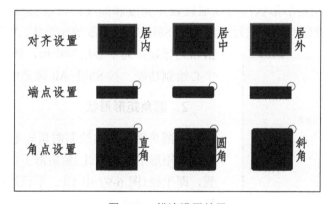

图 6-95　描边设置效果

6.4.3　布尔运算/排列

形状工具的布尔运算组里分为新建图层、合并形状、减去顶层形状、与形状区域相交、排除重叠形状、合并形状组件,如图 6-96 中①所示。布尔运算是在同一图层形状之间通过简单的组合运算产生新的形状,在绘制图形时按 Alt 键是减去,按 Shift 键是加上,按 Alt+Shift 键是相交。形状排列由对齐、分布、层级关系设置决定。对齐或分布（图 6-96 中②）是同一图层中的多个形状对齐或对齐，可以使用 Ctrl+E 键将多个图层合并到一个图层。层级关系（图 6-96 中③）调整图层上下级关系，层级关系不对，会影响布尔运算结果。

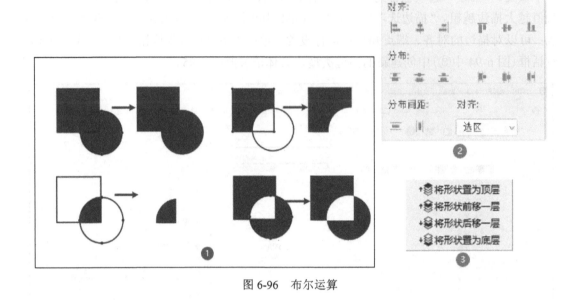

图 6-96　布尔运算

6.4.4　形状图形类型

1．矩形形状

用矩形工具绘制矩形形状时可以通过设定宽度和高度的数值直接获得固定大小的形状，也可以设置长宽比例关系进行绘制，按 Shift 键是绘制等比形状。"中心设置"选项是指以光标起点为中心绘制矩形，按 Alt 键也会实现从中心绘制功能。按 Shift+Alt 键是中心等比绘制。

图 6-97　圆角矩形设置

2．圆角矩形形状

用圆角矩形工具绘制圆角矩形。参数设置、使用方法与矩形工具相同。圆角矩形工具多出一个特殊的设置，即半径（图 6-97 中①）。半径数值越大，圆角越平滑，0px 时则为矩形。半径属性栏里锁头（图 6-97 中②）锁定即为四个角度一致，不可锁不同数值的角。

3．椭圆形状

用椭圆工具绘制正圆形或者椭圆形，按 Shift 键绘制正圆形，按住 Alt+Shift 键以光标起点为中心向外绘制正圆形。

4．多边形形状

用多边形工具绘制多边的规则形状，主要通过设置图形边数和路径选项（图 6-98）来控制形状，图形边数决定了多边形的边，"平滑拐角"用于可创建圆滑拐角的多边形（星星）形状。选择"星形"复选框便可创建不同边数的星星。"平滑缩进"用于决定每条边与中心的关系，缩进边依据百分比越大，多边形的边向内缩进就越大。

5．直线形状

用直线工具可以绘制直线和带箭头的线条。"粗细"用于设置直线或箭头线的粗细。直线工具中的关键是设置箭头样式（图 6-99）。起点/终点设置决定箭头方向，"起点"复选框用于在直线的起点处添加箭头；"终点"复选框用于在终点添加箭头。"宽度"设置箭头宽度和直线宽度百分比，"长度"设置箭头长度和直线长度百分比，"凹度"设置箭头凹陷程度，值越大，箭头凹陷越严重。若凹度值小于 0，则箭头尾部向外凸出。按 Shift 键可以使直线的方向控制在 0°、45°或 90°。

图 6-98　路径选项设置　　　　　　　图 6-99　箭头设置

6．自定义形状

自定义形状中有很多设定好的形状，为设计提供了便利的素材，用户还可以在网上下载所需要的形状素材。单击形状工具属性栏中的"形状"设置的下拉菜单，在弹出的列表中单击"设置"按钮（图 6-100 中①），选择"导入形状"选项导入网上的素材。

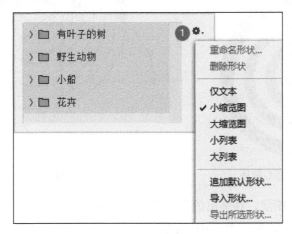

图 6-100　导入形状

6.4.5　实战应用

1．云纹背景

（1）新建一个文件。

（2）用椭圆工具绘制一个正圆形，按 Ctrl+Alt+T 键复制变换路径，按 Alt 键以正圆形中心点为中心执行等比缩小操作。将两个形状执行"减去顶层形状"命令，得到与图 6-101一样的圆环。

（3）再次按 Ctrl+Alt+T 键复制变换路径，按 Alt 键以正圆形中心点为中心执行等比缩小操作，将两个形状执行"选择合并形状"命令，得到图 6-102 所示图形。

图 6-101　绘制圆环　　　　　　　　　　图 6-102　复制合并形状

（4）重复执行第（2）、（3）步，完成下面图形（图 6-103）的绘制。

（5）在同心圆下方画一个圆形，按 Alt 键再单击图形进行复制操作，按 Shift 键单击图形把下方两个圆形路径选中，执行"减去顶层形状"命令，得到类似图 6-104 所示形状。

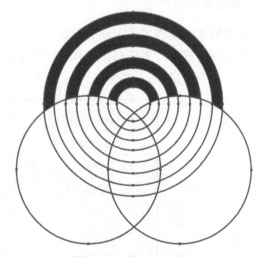

图 6-103　绘制同心圆环　　　　　　　　图 6-104　基础云纹纹理

（6）右击基础云纹图层，在弹出的菜单中选择"栅格化图层"命令，按 Alt 键并单击进行复制操作，制作效果请参照图 6-105 完成。

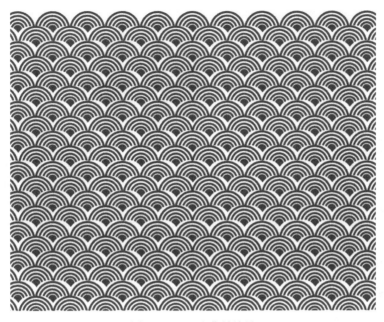

图 6-105　云纹背景效果

2．基础图形再制

本例主要使用"再制"功能绘图，先执行"自由变换"命令(Ctrl+T)，再利用"再制"功能按照自由变换的参数重复操作，通过反复执行"自由变换"命令进行图形绘制。

(1)新建一个文件。

(2)新建一个图层，用多边形工具选择形状，设置填充为"无"，描边为"3 像素"，边为 3，请参照图 6-106 绘制第一个基础图形。

(3)按 Ctrl+T 键进行自由变换，然后参照图 6-107 将基础图形旋转一定角度。

图 6-106　绘制基础图形

图 6-107　旋转基础图形

(4)按 Ctrl+Shift+Alt+T 键重复执行"自由变换旋转"命令。查看形状组合效果，直到复制出满意的形状，绘制效果如图 6-108 所示。

(5)利用"再制"功能重复完成类似图 6-109 所示最终效果。

特别提示：在这个绘制过程中，按 Ctrl+Shift+Alt+T 键之前必须按 Ctrl+T 键进行自由变换操作，进行水平移动或者旋转操作。以此类推，可以绘制很多图形，制作背景纹理可以采用这种方式。

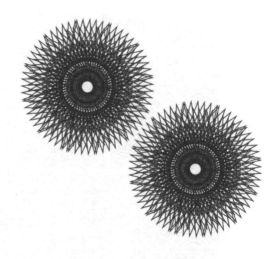

图 6-108　重复再制功能　　　　　　　　图 6-109　再制的最终效果

3．绘制百事可乐标志

（1）新建一个文件。

（2）用椭圆工具绘制一个正圆形（红色），复制两个正圆形，分别改为白色和蓝色。注意三个图形的图层顺序分别为红色、白色、蓝色，具体操作请参照图 6-110。

（3）在"红"图层，用矩形工具选择布尔运算中的"与形状区域相交"选项，用一个长方形与红色正圆形相交得到 1/3 红色形状。用钢笔工具在下方路径中间添加一个锚点（图 6-111 中①），按住 Ctrl 键将直线路径变成曲线。

（4）按 Alt 键，用黑箭头移动复制一条红色区域路径，具体效果参照图 6-112。

图 6-110　图层面板

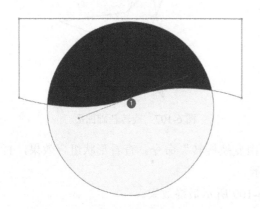

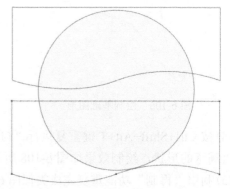

图 6-111　1/3 红色形状　　　　　　　　图 6-112　复制红色区域路径

（5）把复制路径剪切（Ctrl+X）到"白"图层上，切换到"白"图层，用路径选择工具把白色路径激活，按 Ctrl+V 键把复制路径粘贴到白色形状上，执行"编辑"→"变换路径"命令，执行垂直、水平翻转操作各一次，把曲线旋转向上，具体效果请参照图 6-113 所示。

（6）执行"布尔运算"→"减去顶层形状"命令，微调形状位置，单击"确定"按钮，最终效果如图 6-114 所示。

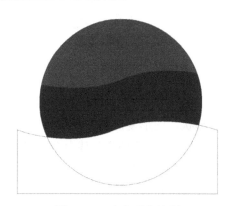

彩图 6-114

图 6-113　白色形状绘制　　　　图 6-114　百事可乐标志

（7）盖印三个形状图层（Ctrl+Shift+Alt+E），双击盖印图层，调出"图层样式"对话框，选择"斜面和浮雕"复选框在"结构"选项组中选择样式为"浮雕效果"（图 6-115 中①），设置参数参照图 6-115 中②、③、④。

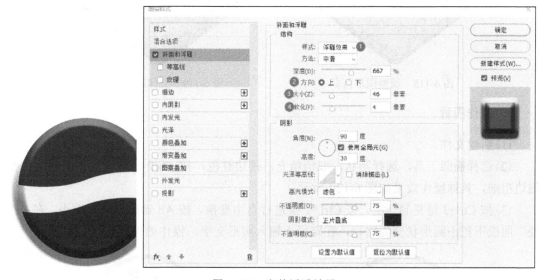

图 6-115　立体浮雕效果

4．绘制立体透视形状

（1）新建一个文件。

（2）用圆角矩形工具绘制一个正方形，调整圆角半径，填充为蓝色，如图 6-116 所示。

（3）按 Ctrl+T 键让正方形旋转 90°，执行"编辑"→"变换"→"扭曲"命令，按

Alt 键将"自由变换"控件顶点向下移动，把正方形调扁一些，操作效果参照图 6-117 所示。

图 6-116　绘制正方形

图 6-117　正方形变形

(4)在移动工具下，按 Ctrl+Alt+↓ 键向下移动形状，图形复制越多，立体厚度越大。合并复制出来的图层，然后移到原始图层下方。把原始图层颜色调整为浅色(在原始颜色的基础上增加亮度)。复制原始图层，填充深的颜色(在原始颜色的基础上降低亮度接近黑色)，将其移到最下方，错开位置变成阴影效果，最终效果如图 6-118 所示。

(5)同理，在方形上绘制一个立体星星形状，两个图形操作最终效果如图 6-119 所示。

彩图 6-119

图 6-118　调整图形色彩

图 6-119　立体透视效果

5．制作图章

(1)新建文件。

(2)选择椭圆工具，选择形状，取消填充，描边红色，按 Shift+Alt 键画出正圆，调整描边粗细，具体操作效果如图 6-120 所示。

(3)按 Ctrl+J 键复制一层，按 Ctrl+T 键进行自由变换，按 Alt 键进行向内缩小，在"路径"面板下把小圆形状变为路径，在路径上输入圆形文字，操作效果如图 6-121 所示。

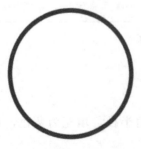

图 6-120　绘制圆环

图 6-121　复制图章

（4）隐藏小圆形状，用多边形工具，设置边为 5，选择"星形"复选框，画出五角星，填充红色。操作效果如图 6-122 所示。

（5）把上面图层创建一个组，拖入划痕素材，进行栅格化处理，按 Ctrl+Shift+U 键去色，创建剪切蒙版，混合模式为滤色，操作效果如图 6-123 所示。

图 6-122　绘制五角星　　　　　图 6-123　做旧处理

（6）执行"图像"→"调整"→"色阶"命令，如图 6-124 所示将颜色微调。

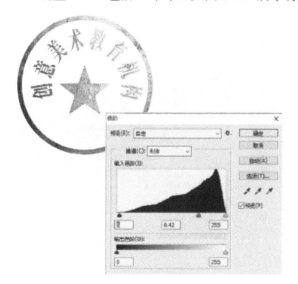

图 6-124　图章

第7章 Photoshop 隐藏功能与实战应用

7.1 Photoshop 隐藏功能

7.1.1 图层样式

在"图层"面板中执行"图层"→"图层样式"命令,调出"图层样式"对话框(图 7-1)。图 7-1 中①为样式,图 7-1 中②为每个混合选项的具体参数设置,不同图层样式可以进行叠加处理。

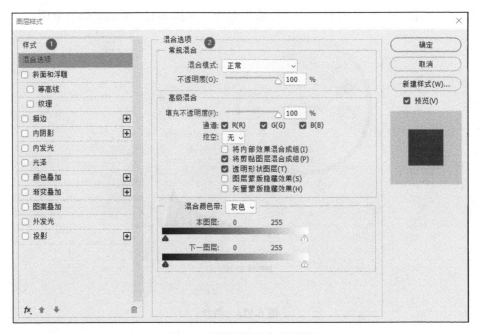

图 7-1 "图层样式"对话框

7.1.2 内容识别填充

内容识别填充是从图像其他部分取样,在图像选定部分进行无缝填充。执行"编辑"→"内容识别填充"命令可弹出"内容识别填充"对话框,图 7-2 中①是填充区和原图,图 7-2 中②是预览区。图 7-2 中③绿色代表取样范围,画笔默认的是"涂抹"功能,通过画笔涂抹缩小取样范围(绿色区域),按 Shift 键增加取样范围。"输出到"选项(图 7-2 中④)包括原图、新建图层、复制图层等功能。注意,选择选区时要把周围取样区域勾画进选区,这样才有可识别的内容。内容识别缩放功能是一种保护功能,当进行拉伸或者压缩图片时,该功能可以保护图像不受拉伸或压缩变形的影响。

图 7-2　"内容识别填充"面板

7.1.3　选择并遮住

　　"选择并遮住"功能是对选区进行处理的特殊功能,是一个强大的抠图工具,在所有选区工具属性栏中都有"选择并遮住"选项。执行"选择"→"选择并遮住"命令可以调出浮动面板(图 7-3)。"选择主体"是一种智能化的功能,通过软件对图像进行运算,可以自动识别最突出的对象并创建选区。越清晰的轮廓,抠图效果越好。工具区(图 7-3 中①)中的各种工具可以在选择主体时让选区更加精准。快速选择工具会根据颜色和纹理相似性进行快速选择。利用边缘画笔工具调整画笔涂抹区域的边缘,如零碎的发丝。画笔工具、套索工具擅长局部处理。对象选择工具不需要做精确的边缘绘制,只需要框选出范围,即可自动生成选区。利用抓手工具可以拖动图像画布。浮动面板右边是"选择并遮住"功能,根据抠图需要选择不同的视图模式(图 7-3 中②)来观察图形。"高品质预览"选项(图中 7-3 中③)用于渲染更改的准确预览,由于是高分辨率预览,会影响计算机运行。选择"智能半径"复选框(图 7-3 中④)选区边缘出现宽度可变的调整区域,复杂轮廓会根据实际情况计算合适的半径。反之选区边缘是粗细平均扩展。"全局调整"选项(图中 7-3 中⑤)的主要作用是调整边缘的柔和度以及边缘的计算范围参数,调整边缘是为了更好地抠图。"输出到"下拉列表(图 7-3 中⑥)包括"选区"、"图层蒙版"、"新建图层"、"新建带有图层蒙版的图层"、"新建文档"和"新建带有图层蒙版的文档"选项。一般建议大家输出带有图层蒙版的图层。"净化颜色"复选框(图 7-3 中⑦)用于将彩色边替换为附近完全选中的像素颜色。

7.1.4　调整功能

　　在作品设计中通过素材和数码器材获得的图片,并不能完全符合设计要求,原始素材进行二次加工调整成为设计专有的特征与属性。通过"图像"→"调整"命令,或在"图层"面板下方第四个小太极图标调出"调整"选项。这两个方法是差不多的,不同的是"图像"菜单下调整后会对图像中的像素产生影响，而"图层"面板的调整不影响原图层的像素，在原图上方形成一个独立调整层进行调整。"调色"功能属于 Photoshop 高级进阶功能，本小节重点介绍设计中的实用功能，其他功能在应用案例中涉及时再做详细解析。

图 7-3　"选择并遮住"浮动面板

1. 色阶调整

色阶用直方图的方式记录图片的明暗对比度信息。调整色阶就是调整图片的阴影、中间调和高光的强度级别，从而校正图像的色调范围和色彩平衡。"通道"选项（图 7-4 中①）针对不同通道来调整指定的色彩范围，分别为 RBG、R、G、B 通道。黑、白、灰的滑块（图 7-4 中②）用来控制图片中黑白灰的分布情况。滑块从左到右分别为黑（暗部）、灰（中间调）、白（亮部）。取样工具（图 7-4 中③）从左到右对应的是黑场、灰场、白场，用吸管直接在画面中取样可以让调整更有针对性。"色阶"面板中还有"预览""自动"等选项，这些都是预先设定好的色阶效果，单击相应选项便可按照设置好的参数进行调整。图像的色阶调整并没有好坏之分，符合设计要求的调整才是最好的。

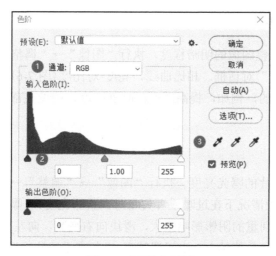

图 7-4　"色阶"面板

2．曲线调整

色彩对比度、亮度、色阶等参数都可以通过曲线进行调整。如果能够将直方图与曲线相结合进行调整，则后期的制作水平就会大大提升。执行"图像"→"调整"→"曲线调出"命令，打开"曲线"对话框；也可以单击"图层"面板下方的小太极图标，调出"曲线"对话框。"通道"选项(图 7-5 中①)包含 RGB、R、G、B 通道，可以选择某一个通道进行独立调整。曲线调整区(图 7-5 中②)左下角是暗部，中间是中间调，右上角是亮部，通过改变曲线形状进行复杂的参数变化。调整方式(图 7-5 中③)可以选择手动画或用浮标调整。取样工具(图 7-5 中④)纠正色偏，调整对比度，制造不同的色调。"显示"选项(图 7-5 中⑤)决定了显示哪些因素。单击"自动"按钮(图 7-5 中⑥)会根据图片的曝光计算出一个合理的曝光与颜色的调整值，单击"自动"按钮，曲线上自动出现多个节点，根据自己的审美对这些节点进行微调，达到最完美的效果。如果调整图片中的指定位置的颜色，按 Ctrl 键并单击图片中的指定区域，就会在曲线上获得一个节点，把该节点调亮或者调暗即可。

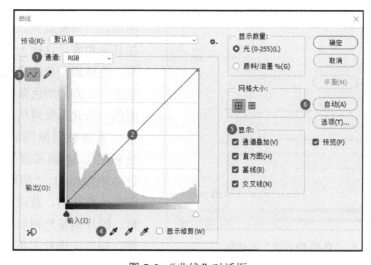

图 7-5　"曲线"对话框

3．亮度/对比度调整

亮度/对比度用来调整图像的明暗程度，执行"图像"→"调整"→"亮度/对比度"命令，打开"亮度/对比度"对话框。相比曲线，亮度/对比度(图 7-6)在调整时图像中亮部和暗部都是同步进行调整的，例如，提高图像的暗部亮度，图像亮部也跟着提亮，高光细节就丢失了。

4．曝光度调整

曝光度用来调整图片的曝光亮度。执行"图像"→"调整"→"曝光度"命令，打开"曝光度"对话框。一般情况下在过曝或者欠曝时调整曝光度，"曝光度"滑块用来调整色调范围的高光端，对特别重的阴影影响不大，滑块向右变亮，向左变暗。"位移"参数值决定图片中间调的亮度，参数值越大，中间调越亮。"灰度系数校正"参数默认为 1.00，当数值变大时，图像表现出白纱一样的效果，请参照图 7-7 所示进行学习。

图 7-6 "亮度/对比度"对话框　　　　图 7-7 "曝光度"对话框

5．色相/饱和度调整

色相/饱和度(图 7-8)是调整工具中非常全面的调整色彩的功能，色彩三要素都包含在里面。执行"图像"→"调整"→"色相/饱和度"命令，打开"色相/饱和度"对话框。选择"全图"选项对整幅图进行整体调色，可以选择单一颜色(红色、黄色、绿色、青色、蓝色、洋红)对图片中的特定色彩进行调整，选择单一颜色进行调整时，其他颜色不受影响。

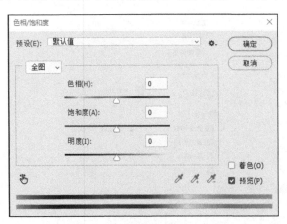

图 7-8 "色相/饱和度"对话框

例如，当调整蓝天，单独选择蓝色增加其饱和度，这样天空的色彩会更漂亮。色相调整要注意观察下方两条颜色条，上方的颜色条代表调原图原有颜色，因此不受滑块影响。下方颜色条代表调整后原图原有颜色对应的色彩变化。"饱和度"滑块是调整颜色鲜艳程度的。"明度"滑块是调整颜色的明暗的。若选择"着色"复选框，图片调整色相后则会变成一种颜色，相当于图片上色功能。

6．色彩平衡调整

色彩平衡(图 7-9)就是利用色相环原理解决画面色彩调整问题，使用"色彩平衡"功能改变素材和图片的色调。在打开的"色彩平衡"对话框中拖动各滑块即可调整对应颜色，滑块两端分别是三原色和三原色补色，让颜色进行互补以平衡。一般默认是中间调模式。在"色调平衡"选项中选择"阴影"单选项调整阴影色阶效果，也可以选择"高光"单选项调整高光色阶效果。选择"保持明度"复选框可以保持原图的明暗效果。

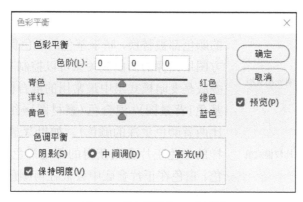

图 7-9　"色彩平衡"对话框

为什么色彩平衡中只有黄色-蓝色、洋色-绿红、青色-红色三个滑块？光学三原色为红(R)、绿(G)、蓝(B)，其他颜色都是由这三种色彩混合而成的。洋红(M)、青(C)、黄(Y)是相邻两个原色混合得到的间色，控制这三组滑块足够平衡画面色彩。使用"色彩平衡"功能首先要了解滑块向左右滑动时颜色变化的方向，调整时需要参照 RBG、CMYK 色彩图(图 7-10)，例如，要把绿色调的图片调整为偏蓝调，只需要在"绿"和"蓝"通道中分别进行调整，绿色选择降，蓝色选择加。

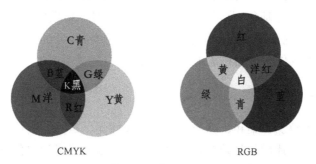

图 7-10　色彩调和

7.1.5　图层混合模式

图层混合模式(图 7-11)利用程序算法把一个图层中的像素与其他图层的像素混合，便会生成一个全新的图像。图层混合模式在背景图层是不能生效的。图层混合模式包含变暗模式组、变亮模式组、对比模式组、比较模式组、颜色模式组。学习混合模式之前需要了解一个常识：基色是指图像中原稿或者背景图上的颜色，混合色是通过绘画、编辑工具、

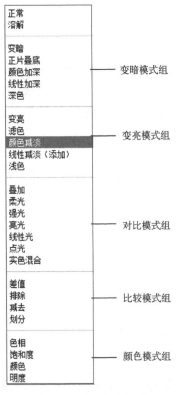

图 7-11　图层混合模式

素材图获取的颜色，结果色是基色与混合色混合后得到的新的颜色。

1．变暗模式组

变暗模式组包含变暗、正片叠底、颜色加深、线性加深、深色五种混合模式，工作原理就是将两个图层的像素进行比较，然后显示两个图层中相对暗的像素。使用变暗模式组时将混合色与基色之间的亮度进行比较，亮于基色的颜色都被替换，暗于基色的颜色保持不变。通过调整上方图层图像的黑白灰关系可以控制其部分画面显现。正片叠底是变暗模式组中最常用的混合模式，它的工作原理是基色（背景图）+混合色（素材图）=结果色（运算混合出的比两者颜色更深的颜色）。如果背景色为黑色，利用什么样的颜色正片叠底获得的都是黑色，因为没有更深的颜色。白色在正片叠底中会被任何颜色替代，白色在混合中会消失，可以理解为这部分变透明。其他混合模式工作原理都是将基色变暗，只是混合后呈现的效果不同，参照实际混合效果进行选择。

2．变亮模式组

变亮模式组包含变亮、滤色、颜色减淡、线性减淡（添加）和浅色五种混合模式，工作原理是混合结果使图片变亮。比较两个图层的像素，暗于基色的颜色消失，所有黑色部分是透明的，灰色和白色会按照明暗显现不同层次。滤色模式与正片叠底模式的工作原理正好相反，它的工作原理是基色（背景图）+混合色（素材图）=结果色（运算混合出的比两者颜色更浅的颜色）。其他混合模式的工作原理都是将基色变亮，只是混合后呈现的效果不同，实际混合效果要依据具体素材图和需求来进行选择。

3．对比模式组

对比模式组包含叠加、柔和、强光、亮光、线性光、点光、实色混合七种混合模式，工作原理是通过混合图片增加基础图片的对比度。变暗模式组让白色变成透明的，变亮模式组让黑色变成透明的，对比模式组是把 50%灰变成透明的。这组结合变暗与变亮模式组中的很多特性，对图片的暗部和亮部进行混合处理，增加图片的对比度，也就是让亮的地方更亮，暗的地方更暗，可以解决图片不透亮的问题。使用叠加模式可以让图片的局部色彩变得艳丽且有层次，特别适合调整基色不理想的图片。它属于物理刷色，会根据原片的颜色发生变化。这个主要是参照下层图像亮度来计算的，图片中的颜色以 50%灰来划分，比 50%灰的色彩会被处理得更暗，比 50%灰亮的色彩会被提亮。其他混合模式工作原理都是增加对比度，只是混合后呈现的效果不同。

4．比较模式组

比较模式组重点介绍差值和排除模式。差值模式就是将混合色与基色的亮度进行对比，用较亮颜色的像素值减去较暗颜色的像素值，所得差值就是结果色。排除模式具有高对比度和低饱和度的特点，比差值模式效果更柔和、明亮。在排除模式中黑色与基色混合得到基色，50%灰与基色混合不产生变化，而白色与基色混合得到的将是白色的补色，也就是反相色。

5．颜色模式组

颜色模式组包含色相、饱和度、颜色、明度四种混合模式，这组会影响图片的颜色和亮度。颜色模式组是两个图层运行重叠，位于上方的图层是 U(混合色)层，下方的图层是 D(基色)层，使用颜色混合模式，得到最终的结果色。

(1)色相模式用混合色的色相进行着色，图片的饱和度和亮度保持不变，只有基色和混合色的颜色值不同时，才能使用画笔进行着色。工作原理是 U 层的色相(H)+D 层的饱和度(S)和亮度(B)=结果层的颜色。

(2)饱和度模式只改变图片的饱和度，不会影响色相和亮度。饱和度模式用混合色的饱和度进行着色，当基色与混合色的饱和度不同时才可以进行着色。工作原理是 U 层的饱和度(S)+D 层的色相(H)和亮度(B)=结果层的颜色。借助这个功能给图片中的天空加蓝。

(3)颜色模式是指将 U 层图像的色相和饱和度应用到 D 层图像中，只是不改变 D 层图像的亮度。这个功能可以给老照片上色。工作原理是 U 层的饱和度(S)和色相(H)+D 层的亮度(B)=结果层的颜色。

(4)明度模式是指使用混合色的亮度进行着色，将 U 层图像的亮度应用于 D 层图像中，不改变 D 层图像的色相和饱和度。工作原理是 U 层的亮度(B)+D 层的饱和度(S)和色相(H)=结果层的颜色。

图层混合模式的功能虽然强大，但是在实际的应用中需要素材匹配才会出现惊艳的效果，选择什么样的图像做基色和混合色很关键，图像叠放顺序不同，产生的效果也会不一样。同一个图中可以使用几种模式混合出更好的视觉效果，还可以通过调整图层的不透明度让颜色变化更加细腻。

7.2　隐藏功能应用

7.2.1　抠图应用

抠图是 Photoshop 素材处理中常用的功能。主体边缘清晰、背景色单一的图形使用相应的工具可以实现一次完美的抠图。当遇到复杂的图形，很难用一种工具快速抠图时，可以利用多种工具配合来进行综合抠图。例如，可以先用快速选择工具、对象选择工具、磁性套索工具、魔棒工具等先把好抠的部分快速抠出来，再利用剪切蒙版、通道功能把细碎复杂的部分抠出来，然后将这两部分组合，更省时省力。

1. 用"选择并遮住"功能抠头发

（1）打开一幅人像图片，复制图像到一个新图层。

（2）选择主体，请参照图 7-12 的序号所指的步骤把人像主体部分粗略选中。

图 7-12 选中人像主体

（3）执行"选择"→"选择并遮住"命令，参照图 7-13 所示使用调整边缘画笔把头发多余部分去掉。

图 7-13 选择并遮住

（4）添加一个新的图层，在该图层下面加一个纯色图层（图 7-14 中①），该纯色图层用来观察头发边缘细节，方便查看头发边缘是否有一些杂色。

图 7-14　添加纯色图层

（5）在抠出来的图像上方新建一个空白图层，请参照图 7-15 中①在空白图层上右击，在弹出的菜单中选择"创建剪切蒙版"命令，图层类型选择强光（图 7-15 中②）。

图 7-15　创建剪切蒙版

（6）用画笔工具吸取头发颜色，在头发边缘涂抹，效果如图 7-16 所示。

图 7-16　调整头发边缘

（7）涂抹效果如图 7-17 所示。

彩图 7-17

图 7-17　涂抹效果

2．利用多种工具综合抠图

（1）打开一幅图片。

（2）按 Ctrl+J 键复制图片，执行"选择"→"选择主体"命令，选择大部分人像主体，参照图 7-18 所示复制到新图层。

图 7-18 选择主体

（3）回到复制图层，参照图 7-19①所示在"通道"面板下选择头发与背景发反差最大的通道，复制该通道。执行"图像"→"调整"→"色阶"命令，调整图像黑白灰（图 7-19②），让头发与背景对比强烈。

图 7-19 复制通道

（4）按 Ctrl 键并单击，复制通道，并将该通道转换为选区，回到 RGB 通道，回到"图层"面板，复制选区到新建图层。在复制选区图层上执行"选择"→"选择并遮住"命令，参照图 7-20 中①，输出带蒙版的图层。

图 7-20　输出带蒙版的新图层

（5）用画笔工具把多余部分擦除。把细碎的头发抠出来。把头发选区图层与之前的主体选区图层合并，人像就被精准抠下来了。

3. 正片叠底抠图

正片叠底混合模式中白色部分是隐藏（消失）的，黑色部分是显现的。利用这个原理使用纯黑白元素图达到抠图效果。

（1）打开一幅素材图（黑白元素图）。使用正片叠底抠图，素材图采用黑白效果比较好。

（2）打开一幅图片，把黑白元素粘贴到图片上，将黑白元素图层混合模式设置成正片叠底（图 7-21 中①）。

图 7-21　正片叠底抠图

（3）按照正片叠底原理，元素图中白色部分消失，黑色部分显现，这样文字就抠出来了。如果素材图中的文字并不是纯黑的，那么执行"正片叠底"命令后文字有些透明，要想让文字显现清晰，可以调整文字元素的色阶，把文字调整得更黑即可，最终效果如图 7-22 所示。

彩图 7-22

图 7-22　最终效果

7.2.2　修图应用

1. 用内容识别填充修图

内容识别填充就是系统会根据选区周围的图像内容进行填充，如果选区周围的图像内容比较单一，填充效果会非常好；如果选区周围填充的图像内容复杂，通过调整取样区域，把不需要识别的内容删除掉，这样最终填充的图像才能更加准确。

（1）打开一幅图片，这幅图片中想要修复的是天空与荷花中间的树木，观察树木周围的图像有天空、人物、荷花，图像非常复杂，这样用内容识别填充出来的效果会不太好。

（2）按照图 7-23 所示把想要填充内容的区域框选出来。

图 7-23　选择填充内容区域

（3）执行"编辑"→"内容识别填充"命令。取样区域中（图 7-24 中①）被绿色覆盖的半透明区域是将要被识别填充的内容，图 7-24 中②为填充预览效果。可以看到填充的效果并不好。

图 7-24　内容识别填充修图

（4）使用画笔工具把不需要取样的图像擦除，只留下天空区域作为填充的图像，最终效果如图 7-25 所示。

图 7-25　擦除不取样的图像

(5) 内容识别填充最终效果如图 7-26 所示。

彩图 7-26

图 7-26　内容识别填充最终效果

2．扩充背景

当一幅图片不能布满画面时，需要拉伸画布，使用"内容识别缩放"功能可以在保护主体的情况下扩充背景。特别提示，"内容识别缩放"功能不能在背景图层使用。

(1) 把一幅图片插入文件中，如图 7-27 所示。无法把画面全覆盖，露出白色背景。

(2) 使用套索工具把图片中人物选中并右击，在弹出的菜单中选择"存储选区"命令（图 7-28 中①），给选区命名为"芭蕾"。

图 7-27　插入图片　　　　　　　　图 7-28　存储选区

(3) 取消选区，执行"编辑"→"内容识别缩放"命令，图像就会出现一个类似自由变换的选框，在属性栏的"保护"下拉列表框中选择"芭蕾"选项（图 7-29 中①），然后拉伸图像填满空白处即可。

图 7-29　内容识别缩放

（4）效果对比如图 7-30 所示。

彩图 7-30

图 7-30　效果对比

3．用叠加模式调整肤色

（1）打开一幅人像图片。新建两个图层，请参照图 7-31 在图片上层分别添加蓝色、黄色纯色图层。

图 7-31　添加纯色图层

（2）设置图层混合模式为"叠加"，调整不透明度。观察蓝色图层效果好，还是黄色图层效果好。添加蓝色会让人的皮肤变干净、透亮，效果如图 7-32 中③所示。添加黄色让人像变得变暖，效果如图 7-32 中②所示。不透明度以人像肤色自然为准。这个简单的方法一般用在人像皮肤校正上。

彩图 7-32

图 7-32　调整肤色对比图

4．高斯模糊磨皮

（1）打开一幅人像图片。

（2）按 Ctrl+J 复制一层，执行"滤镜"→"模糊"→"高斯模糊"命令，参数可参照图 7-33 所示调整到以皮肤光滑看不到斑点为准。

（3）使用历史记录画笔工具，在"历史记录"面板将"高斯模糊"这步定位为历史记录画笔工具的目标图层，然后在历史记录中将操作返回到"高斯模糊"的上一层（图 7-34），调整画笔大小，把脸上需要调整的皮肤涂抹一遍。这样皮肤就变成模糊细腻状态。

图 7-33　高斯模糊（一）　　　　　　　　　　图 7-34　历史记录涂抹

（4）增加皮肤质感，把原始图层复制一层，放到最上面。执行"滤镜"→"其他"→"高保留反差"命令，参数调整请参照图 7-35。

（5）设置图层混合模式为"线性光"（图 7-36 中①）。降低该图层不透明度（图 7-36 中②），将皮肤调到略微有皮肤纹理即可。

图 7-35　高斯模糊磨皮　　　　　　　　　　图 7-36　调整皮肤纹理

（6）最终效果对比如图 7-37 所示。

彩图 7-37

图 7-37　高斯模糊磨皮效果对比

5. 美白牙齿

（1）打开一幅人像图片。

（2）按 Ctrl+J 键复制一层，把牙齿部分单独做一个选区。

（3）单击在"图层"面板下面的太极图标（左边第四个按钮），执行"调整"→"可选颜色"命令，在"颜色"选项中将"黄色"百分比降到最低，然后在"颜色"选项选择"中性色"，将"黑色"百分比降低一点，如图 7-38 所示。

图 7-38　降低黄色百分比

（4）单击"属性"面板中的"蒙版"按钮（图 7-39），然后调整羽化值，让周边的衔接更自然。

（5）如果调整出来的牙齿颜色过白失真，则在当前图层上降低图层的不透明度，让白色更加自然，最终效果如图 7-40 所示。

6. 嘴唇调色

（1）打开一幅人像图片。

（2）使用弯度钢笔工具绘制出嘴唇形状，参照图 7-41 所示填充一个满意的唇色。

图 7-39　蒙版羽化

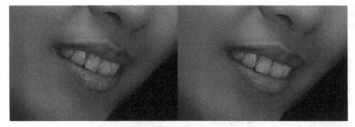

图 7-40　美白牙齿　　　　　　　　　　　　　图 7-41　嘴唇调色

（3）在"图层"面板中将"形状 1"图层的混合模式（图 7-42 中①）改为"正片叠底"。

（4）打开该图层的"属性"面板，参照图 7-43 中①调整羽化值，让形状与背景图形衔接自然。

图 7-42　调整图层混合模式　　　　　　　　　　图 7-43　调整羽化值

（5）当前图片中下嘴唇的颜色不自然，缺少纹理和光泽，这个时候双击"形状 1"图层，在弹出"混合选项"选项组的"混合颜色带"选项中"下一图层"颜色带，按住 Alt 键滑动右侧滑块，将右侧滑块左半个滑块（图 7-44 中①）向左滑动，参考图中效果调整。

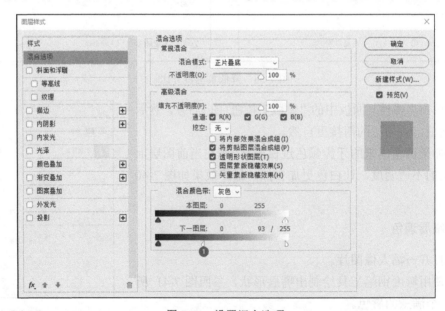

图 7-44　设置混合选项

（6）调整完后如果唇色还是不自然，则降低一下图层不透明度，让唇色自然，最终效果如图 7-45 所示。

7. 调整黑眼圈

（1）打开一幅人像图片。

（2）按 Ctrl+J 键复制一层人像，执行"滤镜"→"其他"→"高反差保留"命令，参照图 7-46 所示设置高反差保留"半径"选项，以能够看清楚皮肤纹理为佳。

彩图 7-45

图 7-45　降低不透明度　　　　　　　　图 7-46　调整高反差保留

（3）新建透明图层，把"高反差保留"图层置于空白图层之上，右击"高反差保留"图层创建剪切蒙版（图 7-47 中①），设置图层混合模式为"线性光"（图 7-47 中②）。在透明图层上使用画笔工具（图 7-47 中③），按住 Alt 键吸取黑眼圈周围的正常皮肤颜色，降低画笔不透明度涂抹黑眼圈部分，黑眼圈就消失了。

（4）最终效果对比如图 7-48 所示。

图 7-47　详细调整设置　　　　　　　　图 7-48　最终效果对比

8. 赛博朋克风格调色

赛博朋克风格在色彩上喜欢使用蓝、紫、洋红暗色调和霓虹光效，适用于富含灯光的城市夜景。

(1)打开一幅城市图片，按 Ctrl+J 键复制一层，然后参照图 7-49 右击这个图层在弹出的菜单中选择"转为智能对象"命令。

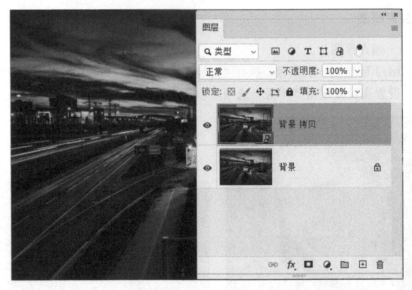

图 7-49　复制图层

(2)执行"滤镜"→"Camera Raw 滤镜"命令，打开调色界面。在基本设置上参照图 7-50，在基本设置中将色温向蓝色方向调整，色调向洋红方向调整。白色增加，高光增加，对比度增加，这步确定基础色调。

图 7-50　基本设置调整

(3)在混合器设置中调整 HSL(图 7-51 中①)，由于每个素材色彩情况不同，在这一步只给大家一个大方向做参考,具体参数要依据图片实际色彩需要微调。"色相"面板(图 7-51 中②)基本上把冷色往蓝色上调整,暖色往洋红上调整。

图 7-51　色相调整

(4)进入"饱和度"面板进行调整(图 7-52 中①),具体要根据个人喜好调整饱和度,赛博朋克风格是高饱和冲撞的色调,因此不建议使用的饱和度过低。另外,增加饱和度时也要注意提高蓝色、洋红饱和度。

图 7-52　饱和度调整

(5)打开"明度"面板,参照图 7-53 中①调整具体参数。

(6)在"分离色调"面板中(图 7-54 中①),通过高光色相加洋红,阴影色相加蓝色,调整增加赛博朋克色调属性。

图 7-53　明度调整

图 7-54　"分离色调"面板

(7)最终效果对比如图 7-55 所示。

彩图 7-55

图 7-55　最终效果对比

9．莫兰迪色调

莫兰迪色调灵感来自莫兰迪大师，色彩饱和度低，对比温和，让人感觉很舒适。

(1)打开一幅图片，执行"滤镜"→"Camera Raw 滤镜"命令，打开调色界面。

(2)莫兰迪色调饱和度低，比较温和，在基础调色中参照图 7-56 所示，色温向蓝调整，设置曝光增加，对比度降低，高光略降，阴影增加，白色增加，黑色减少。参数调整只是给大家一个方向，具体数值还需要分析具体图片来设置。

图 7-56　Camera Raw 滤镜基础调整

(3)进入混合器设置，在 HSL 选项(图 7-57 中①)下的"饱和度"面板(图 7-57 中②)，将画面中厚重的色彩降低饱和度。依照此画面，蓝色、绿色、红色要降低饱和度。尤其是灯光部分需要重点处理。

图 7-57　饱和度调整

(4)莫兰迪色调效果对比如图 7-58 所示。

彩图 7-58

图 7-58　莫兰迪色调效果对比

7.2.3　背景图纹理应用

1．波普风背景

(1)新建一个文件，添加一个空白图层。

(2)执行"渐变工具"→"黑白渐变"→"径向渐变"命令。在空白图层从中间向四周执行"径向渐变"命令，绘制一个如图 7-59 所示的圆形。

图 7-59　波普风格背景

(3)执行"滤镜"→"像素化"→"彩色半调"命令，参照图 7-60 所示调整最大半径为 20 像素(原点大小)，通道设置为一样的数值(即相同数值为黑白，不同数值为彩色)。

（4）选择魔棒工具识别黑色圆点，在图形上右击，在弹出的菜单中选择"选取相似"命令（图 7-61），按 Ctrl+J 键进行复制，关闭下面的图层。

图 7-60　彩色半调参数设置　　　　　　　　　　图 7-61　选取相似

（5）双击复制图层（图 7-62）缩略图，调出该图层的图层样式，设置图层混合模式为"颜色叠加"，按照需要选择叠加颜色。

（6）最终效果如图 7-63 所示。

彩图 7-63

图 7-62　颜色叠加　　　　　　　　　图 7-63　波普风格背景效果

2. 纯色颗粒背景

（1）新建文件，创建一个新图层并填充一个颜色（图 7-64 中"图层 1"），创建一个新的空白图层并填充白色（图 7-64 中"图层 2"），设置该图层混合模式为"叠加"。执行"滤镜"

→ "杂色" → "添加杂色" 命令，具体数值参照图 7-64 所示，将 "数量" 值调大以增强颗粒感强，选择 "单色" 复选框（图 7-64 中①）。

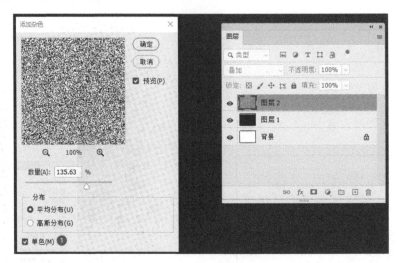

图 7-64　添加杂色

（2）复制白色图层（图 7-65 中 "图层 2"），按 Ctrl+I 键在 "图层 2" 上执行 "反向" 命令，选择移动工具将复制图层向右下方移动。参照图 7-65 同时选中两个图层的不透明度降为 40%。

（3）新建一个透明图层（图 7-66），执行白色-透明的 "线性渐变" 命令。设置该图层混合模式为 "柔光"。按照需要可以更改不透明度值。

图 7-65　降低不透明度

图 7-66　柔光混合模式

3. 岩石背景纹理

（1）新建一个文件，前景色选择黑色，背景色选择白色。执行 "滤镜" → "渲染" → "分层云彩" 命令，单击 "确定" 按钮。

（2）执行 "滤镜" → "渲染" → "光照效果" 命令，参照图 7-67 调整颜色、聚光、着色、光泽、金属质感、高度各种参数，让纹理看起来有岩石凹凸纹理。注意，要在 "纹理" 下拉列表中选择任意一个颜色。

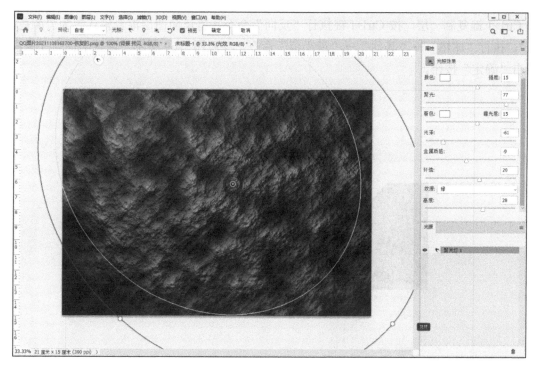

图 7-67　渲染背景

（3）再次执行"滤镜"→"渲染"→"光照效果"命令，让岩石纹理更厚重，岩石背景纹理效果如图 7-68 所示。

图 7-68　岩石背景纹理效果

4. 宣纸效果的背景

（1）打开一幅图片。

（2）按 Ctrl+J 键复制一层，执行"图像"→"调整"→"去色"命令，变成黑白图片。

按 Ctrl+J 键复制一层,按 Ctrl+I 键执行"反向"命令,将反向图层混合模式改为"颜色减淡"。执行"滤镜"→"其他"→"最小值"命令,参照图 7-69 所示,调整半径为 5 像素,单击"确定"按钮。

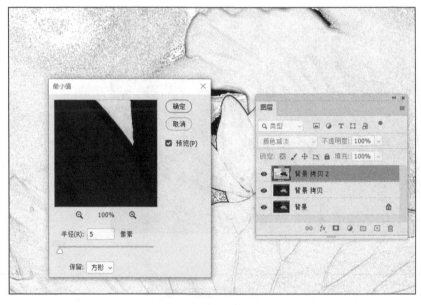

图 7-69　调整最小值

(3)按 Ctrl+E 键把上下图层合并,设置图层混合模式为"柔光"。图层上方(图 7-70 中①)添加一个纯色图层,颜色选米黄色。

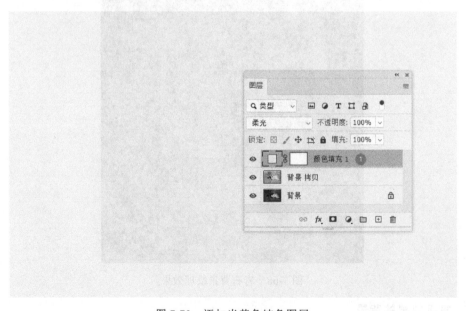

图 7-70　添加米黄色纯色图层

(4)在纯色图层执行"滤镜"→"滤镜库"→"纹理"→"纹理化"命令,数值参照图 7-71 所示调整出纸的纹理。

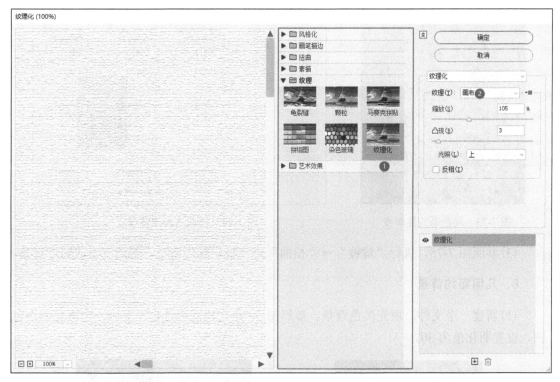

图 7-71 纹理化处理

(5) 设置图层混合模式为"正片叠底",宣纸效果如图 7-72 所示。

图 7-72 宣纸效果

5. 放射性线条背景

(1) 新建一个文件,新建一个透明图层,如图 7-73 所示,填充一个同色系线性渐变颜色。

(2) 执行"滤镜"→"扭曲"→"波浪"命令,调整类型为"方形",参照图 7-74 所示参数,调整波长线条密度、波幅线条不透明度。

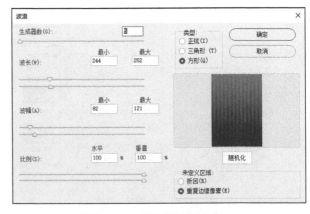

图 7-73　同色系线性渐变　　　　　　　　图 7-74　扭曲波浪滤镜设置

（3）参照图 7-75，执行"滤镜"→"扭曲"→"极坐标"命令，得到一个放射性线条。

6．几何简约背景

（1）新建一个文件，填充黑色背景，参照图 7-76 用椭圆形选框工具画一个虚化的白色圆，设置羽化值为 30。

图 7-75　极坐标　　　　　　　　　　　图 7-76　虚化白色圆

（2）新建一层，执行"滤镜"→"渲染"→"云彩"命令，设置图层混合模式为"叠加"（图 7-77 中①）。

图 7-77　渲染云彩

（3）复制一层，按 Ctrl+T 键执行"自由变换"命令，图形等比变大，按 Shift+Ctrl+Alt+E 键盖印图层，如图 7-78 中①所示。

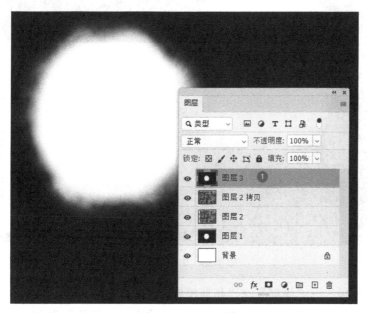

图 7-78　盖印图层

（4）执行"滤镜"→"像素化"→"晶格化"命令，单元格稍微明显点，效果如图 7-79 所示。

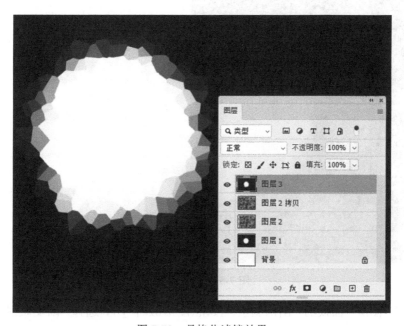

图 7-79　晶格化滤镜效果

（5）执行"滤镜"→"杂色"→"中间值"命令，设置半径为 125 像素（图 7-80 中①），半径值越大图像越模糊，注意观察视图让晶格化边缘柔和点。

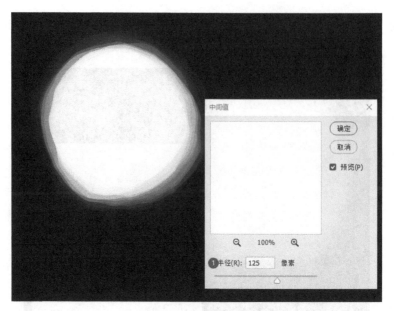

图 7-80　中间值设置

（6）执行"滤镜"→"模糊"→"高斯模糊"命令，设置半径为 4 像素。

（7）执行"滤镜"→"杂色"→"添加杂色"命令，设置数量为 25%（图 7-81 中①）。

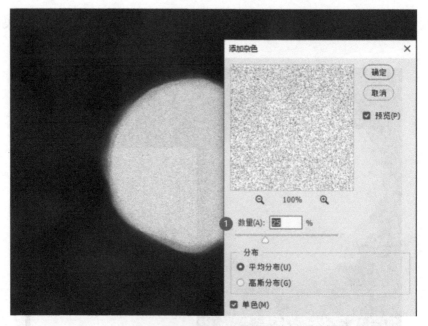

图 7-81　添加杂色

（8）单击"图层"面板的"图像调整"按钮（图 7-82 中①），选择"渐变映射 1"（图 7-82 中②）选项，编辑一个红色-黄色的渐变条（图 7-82 中③），执行背景到中间的渐变操作。

7. 玻璃背景

（1）打开一个图片或者新建一个纯色图层，执行"滤镜"→"渲染"→"云彩"命令。

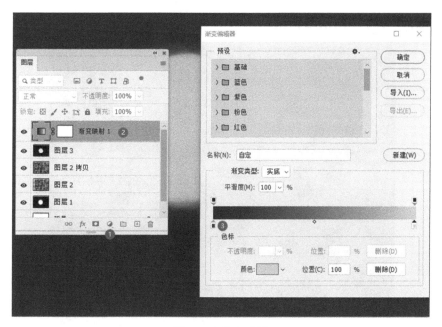

图 7-82　渐变映射

（2）执行"滤镜"→"滤镜库"→"玻璃"命令，参照图 7-83 所示参数，调整扭曲度为 13，平滑度为 3，纹理为"磨砂"，缩放为 100%，实际应用中应参照预览图调整想要的效果。

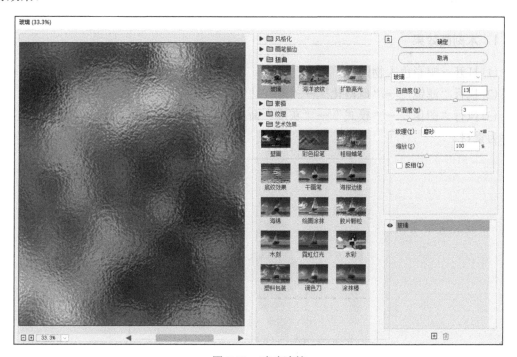

图 7-83　玻璃滤镜

（3）按 Ctrl+U 键调出"色相/饱和度"对话框，选择"着色"复选框，然后调整色相、纯度、明度，调出想要的色调。

(4)玻璃背景效果如图 7-84 所示。

彩图 7-84

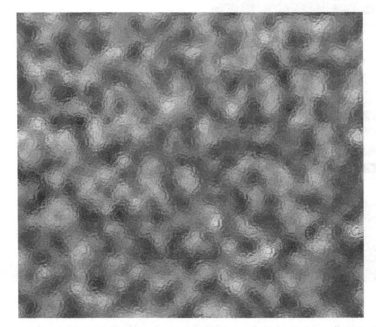

图 7-84　玻璃背景效果

7.2.4　滤镜特效应用

1. 木刻画效果

(1)打开一幅彩色人物图片。

(2)执行"滤镜"→"风格化"→"查找边缘"命令。

(3)执行"图像"→"模式"→"灰度"命令,将灰度图像(图 7-85)以 PSD 格式文件保存为素材。

图 7-85　灰度图像

(4)打开一幅木头纹理的素材图片。

(5)执行"滤镜"→"滤镜库"→"纹理"→"纹理化"命令,将刚刚保存的人物灰度素材图载入到纹理(图 7-86 中①)，调整纹理滤镜各项参数，用"缩放"功能调整人物在画面中的大小，用"凸现"功能调整人物的显现效果，用"光照"功能调整木刻的角度。

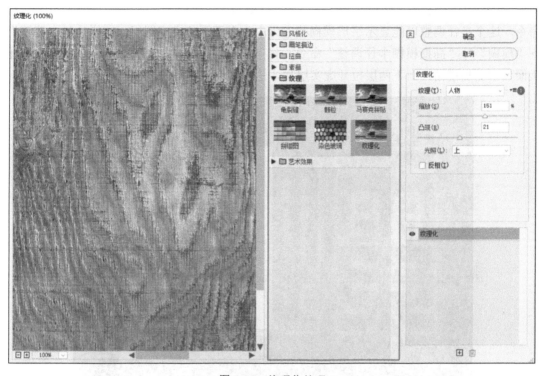

图 7-86　纹理化处理

(6)木刻画效果如图 7-87 所示。

彩图 7-87

图 7-87　木刻画效果

2．霓虹灯效果

(1)新建一个 RGB 文件，新建一个黑色图层，霓虹灯在黑色背景下的显现效果比较好。

(2)创建一个文字图层，输入文字。按 Ctrl 键并单击文字图层缩略图，将文字转换成选区，执行"描边"命令，将描边文字复制两层。

(3)参照图 7-88 在上面的文字图层，执行"滤镜"→"模糊"→"高斯模糊半径调整"命令，这个半径调整以能显示字形模糊状态为主。在下面的文字图层，同样执行"滤镜"→"模糊"→"高斯模糊半径调整"命令，将下面图层模糊半径调大一些，让下面文字比上面文字更加模糊，上下两层拉开虚实层次，这样效果会好。

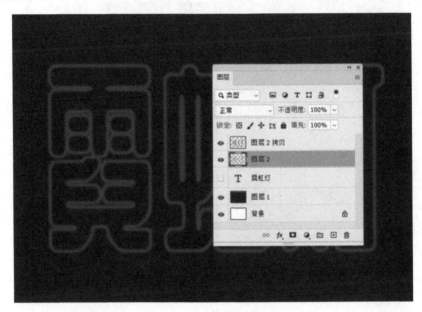

图 7-88　高斯模糊(二)

(4)霓虹灯效果如图 7-89 所示。

图 7-89　霓虹灯效果

3.火焰字

(1)新建一个 RGB 文件，填充黑色，输入白色文字，栅格化文字。

(2)执行"图像"→"图像旋转"→"逆时针 90 度"命令，再执行"滤镜"→"风格化"→"风"命令，重复执行"风"命令直至达到图 7-90 所示效果。

（3）执行"图像"→"图像旋转"→"顺时针 90 度"命令，再执行"滤镜"→"扭曲"→"波纹"命令，参照图 7-91 设置大波纹，设置数量为 100%，具体参数可根据自己的喜好进行修改。

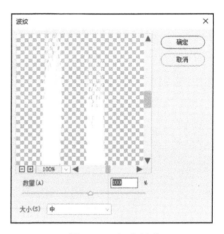

图 7-90　风滤镜效果　　　　　　　　　　　图 7-91　扭曲波纹

（4）执行"图像"→"模式"→"灰度"命令，选择拼合图层。

（5）执行"图像"→"模式"→"索引颜色"命令。

（6）执行"图像"→"模式"→"颜色表"命令，编辑一个黑色-红色-黄色的颜色变化表。

（7）执行"图像"→"模式"→RGB 命令，转换为 RGB 模式，这样图片就可以存储为 JPG 格式。火焰字效果如图 7-92 所示。

4．冰雪字

（1）新建文件填充蓝色。

（2）进入"通道"面板，新建一个通道，输入文字，调整文字大小位置。

（3）复制通道，执行"滤镜"→"像素化"→"碎片"命令，再执行一遍。执行"选择"→"全部"命令，按 Ctrl+C 键，单击 RGB 通道，回到"图层"面板，按 Ctrl+V 键进行粘贴，把文字粘贴过来，碎片化效果如图 7-93 所示。

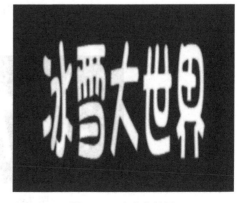

图 7-92　火焰字效果　　　　　　　　　　　图 7-93　碎片化效果

（4）执行"滤镜"→"像素化"→"晶格"命令，设置单元格大小为 10，如图 7-94 所示。

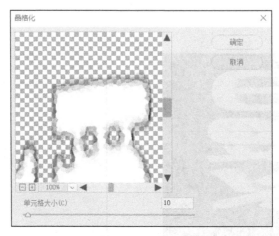

图 7-94　晶格化

（5）执行"图像"→"调整"→"色相/饱和度"命令，选择"着色"复选框（图 7-95 中①），调整偏蓝色着色。

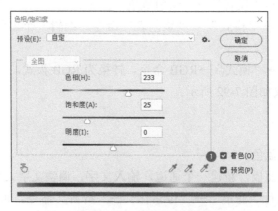

图 7-95　调整色相/饱和度

（6）执行"图像"→"调整"→"画布旋转"→"顺时针 90 度"命令，再执行"滤镜"→"风格化"→"风"命令，调整好画布，执行"图像"→"调整"→"逆时针 90 度"命令，冰雪字效果如图 7-96 所示。

图 7-96　冰雪字效果

5. 打散图片增加层次

（1）打开一幅图片，复制一个图层。

（2）执行"滤镜"→"模糊"→"动感模糊"命令，设置距离为 150 像素（图 7-97），单击"确定"按钮。

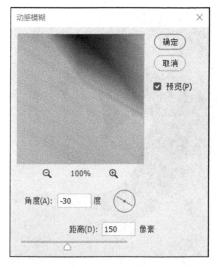

图 7-97　动感模糊

（3）用矩形工具在图片中画一个矩形，双击矩形图层，在"图层样式"对话框中调整填充不透明度为 0%（图 7-98 中①），设置挖空为"浅"（图 7-98 中②）。选择"内发光"复选框（图 7-98 中③）。对应画面效果调整各项数值。

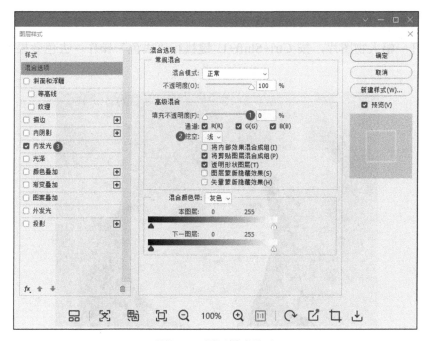

图 7-98　图层样式设置

（4）参照图 7-99 所示参数，按住 Alt 键，复制移动矩形，在想要图层增加层次的位置上叠放。

图 7-99　图层叠放

6．人物置换

（1）打开一幅人物图片，按 Ctrl+Shift+U 键执行"去色"操作，去色效果如图 7-100 所示。

图 7-100　去色效果

（2）执行"滤镜"→"模糊"→"高斯模糊"命令，将该图片保存为 PSD 格式素材。

（3）新建一个文字图层，参照图 7-101 在人物上方打满文字，建议字号设置得小点，文字可以平铺，也可以有层次变化。特别提示：文字图层要栅格化处理。

图 7-101　新建文字图层

（4）按 Ctrl 键并单击文字图层缩略图，将文字转换成选区，执行"滤镜"→"扭曲"→"置换"命令，参照图 7-102 分别将水平比例、垂直比例设置为 4，选择刚刚存储的人物 PSD 文件。

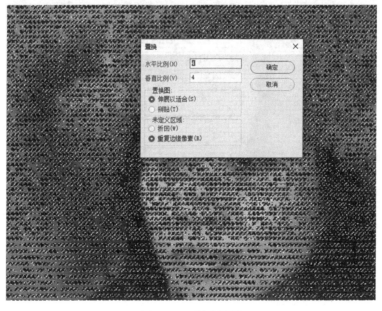

图 7-102　扭曲置换

(5)关闭文字图层，回到图片图层，添加蒙版，这个时候主体效果并不明显，如图 7-103 所示。

图 7-103　添加蒙版

(6)回到背景图层，把白色背景图层填充成黑色，效果就明显了，文字贴图效果如图 7-104 所示。

图 7-104　文字贴图效果

参 考 文 献

成朝晖, 2019. 平面构成[M]. 杭州: 中国美术学院出版社.

韩晓梅, 张全, 2013. 海报创意设计[M]. 北京: 中国建筑工业出版社.

洪雯, 敖芳, 罗倩倩, 2017. 平面构成[M]. 北京: 中国青年出版社.

江奇志, 2018. 版式设计: 平面设计师高效工作手册[M]. 北京: 北京大学出版社.

兰达, 2019. 视觉传达设计[M]. 张玉花, 王树良, 李逸, 译. 上海: 上海人民美术出版社.

李金明, 李金蓉, 2020. 中文版 Photoshop 2020 完全自学教程[M]. 北京: 人民邮电出版社.

李金蓉, 2015. 广告设计与创意[M]. 北京: 清华大学出版社.

李翔, 赵放, 2019. 平面设计基础(非艺术类)[M]. 2 版. 北京: 科学出版社.

潘建羽, 2021. 版式设计从入门到精通[M]. 北京: 人民邮电出版社.

王洪江, 2020. 新编中文版 Photoshop 平面设计入门与提高[M]. 2 版. 北京: 人民邮电出版社.

王绍强, 2016. 版式创意大爆炸: 全球最新版式设计趋势与案例[M]. 北京: 中国青年出版社.

王受之, 2018. 世界平面设计史[M]. 2 版. 北京: 中国青年出版社.

王彦发, 2008. 视觉传达设计原理[M]. 北京: 高等教育出版社.

薛莉, 2018. 视觉传达设计中的造型要素研究[M]. 北京: 中国纺织出版社.

杨诺, 张驰, 2017. 色彩构成原理与实战策略[M]. 北京: 清华大学出版社.

杨艳芳, 2016. 西方现代平面设计的观念与理论研究[D]. 南京: 南京师范大学.

于国瑞, 2019. 色彩构成[M]. 3 版. 北京: 清华大学出版社.

曾希圣, 2000. 平面广告版式创意技巧[M]. 西安: 陕西人民美术出版社.

詹文瑶, 李敏敏, 2019. 现代平面设计简史[M]. 北京: 中国纺织出版社.

佐佐木刚士, 2007. 版式设计原理[M]. 武湛, 译. 北京: 中国青年出版社.